KB197390

글쓰기를 좋아하는
엄마들의 성장 이야기

별을
헤아리듯
나를
헤아린다

구새나   권원주   김민경   박정   정금란   정현정   진수민   하지영

아티오
ArtStudio

별을 헤아리듯 나를 헤아린다

2025년 1월 10일 1판 인쇄
2025년 1월 20일 1판 발행

펴낸이 | 김정철
펴낸곳 | 아티오
지은이 | 구새나, 권원주, 김민경, 박정, 정금란, 정현정, 진수민, 하지영 (가나다 순)
마케팅 | 강원경
표 지 | 김지영
편 집 | 이효정
인 쇄 | 조은피앤피
전 화 | 031-983-4092~3
팩 스 | 031-696-5780
등 록 | 2013년 2월 22일
정 가 | 18,500원
주 소 | 경기도 고양시 일산동구 호수로 336 (브라운스톤, 백석동)
홈페이지 | http://www.atio.co.kr

* 아티오는 Art Studio의 줄임말로 혼을 깃들인 예술적인 감각으로 도서를 만들어 독자에게 최상의 지식을 전달해 드리고자 하는 마음을 담고 있습니다.

* 잘못된 책은 구입처에서 교환하여 드립니다.

별 하나가
은하수로 연결됩니다

까만 밤하늘을 보면 어떤 생각이 드나요?

'별 하나, 나 하나, 별 둘, 나 둘' 하며 별을 헤아린 기억이 있나요?

밤늦도록 켜져 있는 건물의 빛과 네온사인으로 별 찾기가 힘들진 않나요. 까맣고 깊은 밤이 마치 인생의 암흑기처럼 막막하고 공허하게 느껴질 때도 있어요. 보이든 보이지 않든 별은 항상 존재하듯 누구에게나 내면에 빛나는 이야기들이 있어요.

『세상에서 가장 아름다운 별 하나가 길을 잃고 지금 내 어깨에 머리를 기댄 채 잠들어 있다고, 나는 생각했다.   – 알퐁스 도데의 별 중』

마음 깊은 곳에 반짝이는 나만의 글을 '별글'이라 부르기로 합니다. 별글을 꺼내서 종이에 표현해 봅니다.

누구나 글을 쓸 수 있지만 글로 '나'를 만나는 일은 온전히 나만 할 수 있습니다. 질문으로 내 안의 글을 발견합니다. 좋아하고 잘하는 것은 무엇인지, 언제 가장 행복했는지, 무엇이 나를 힘들게 했는지 묻습니다. 불안해서 가리고 싶었던 기억을 만나기도 하고, 잊었던 추억이 떠올라 반가운 마음도 듭니다. '나'를 집중해서 바라보는 시간입니다. 따로 또 같이, 잘 쓰기보다 꾸준히 글을 보려는 노력으로 우린 연결됩니다. 글쓰기로 마음을 다해 '나'를 세워주고 환대하고 축하합니다.

별글로 '나'를 찾는 시간을 가지고 치유와 꿈을 만난 여덟 작가가 있습니다. 우린 누군가의 자식이자, 엄마, 아내, 직장인, 지도자, 대표라는 여러 이름표가 있습니다. 여러 역할을 수행하며 따르는 책임감과 성취감, 고난과 소소한 행복을 별글 쓰기를 통해 만납니다.

누구에게나 처음이 있습니다. 엄마가 된 첫 경험, 일과 육아, 관계 속에서 성장을 멈추지 않는 워킹맘 스토리, 강점과 가치, 더 나아가 '함께'라 더 좋은 기쁨을 이 책에 담았습니다. 과거에 국한되지 않고 '현재'를 사는 이야기입니다. 품고 있던 아이를 세상 밖으로 보내듯 내 안에 머물렀던 글을 더 큰 세상으로 보내줍니다. 블로그 포스팅보다 좀 더 사적이고, 일기보단 좀 더 드러낼 수 있는 글들이 모여 책이 되는 마법을 부립니다.

글쓰기는 삶의 여정을 여실히 기억해 내고 재창조하는 경이로운 경험입니다. 인생의 주인공은 '나'이지만 '함께' 머물 때 비로소 아름다운 은하수가 됩니다.

엄마로, 진정한 나로, 빛나는 서로를 응원하며 세워주는 '별글', 지금부터 시작합니다.

프롤로그 - 별 하나가 은하수로 연결됩니다 ◦ 003

1부. 배움과 성장, 꿈꾸는 나

◦ **별들이 피우는 무지개**

별세라(구새나)

1. 똘똘아, 안녕! ◦ 012
2. 신이시여, 더 이상 나를 시험하지 마세요 ◦ 017
3. 껍질을 벗고 희망을 노래하리 ◦ 021
4. 너와 나 내면의 아이야, 웃어라! ◦ 024
5. 아들, 응답하라. 오바!!! ◦ 030
6. 3040 온전한 나를 찾아... ◦ 035

에필로그 글쓰기로 꿈을 열다 ◦ 041

◦ **멈추지 않는 성장의 길 위에서**

다솜(정현정)

1. 나를 꿈꾸는 시간 ◦ 046
2. 못된 엄마의 고백 ◦ 050
3. 인연으로 튀어 오른 배움의 탱탱볼 ◦ 055
4. 도전으로 찍은 성장 스냅샷 ◦ 059
5. 멈추지 않는 성장의 길 위에서 ◦ 063

에필로그 글을 쓴다는 건 ◦ 066

○ 하얀 도화지 위
사칙 연산

자라다(하지영)

1. Am03:08 ◦ 070

2. 좋아, 가는 거야! ◦ 075

3. 책임감의 다른 이름 ◦ 081

4. 길을 헤매듯 글 속에서 헤매었다 ◦ 085

5. 하얀 도화지 위 사칙 연산 ◦ 089

에필로그 돈독한 사이 ◦ 092

2부. 사랑해 사랑해 사랑해

○ 빛나는
인연들

지음(정금란)

1. 긴 호흡으로 그린 삶의 선물 ◦ 098

2. 부창부수 ◦ 103

3. 엄마와의 달콤한 추억이 있나요? ◦ 106

4. 비 오는 날 ◦ 109

5. 시어머님을 칭찬합니다! ◦ 112

에필로그 에필로그 ◦ 116

○ 어쩌다
엄마가 된
어른

보현화(권원주)

1. 결국 나는 천생 엄마였다 ◦ 120

2. 엄마라는 DNA ◦ 125

3. 인정받아 행복할 수 있다면 인정만 하고 살겠네 ◦ 131

4. 방법을 알려주면 그냥 했어 ◦ 135

5. 어쩌다 태어난 아이 ◦ 140

에필로그 나에게 글의 의미는 ◦ 146

○ **살아가는 이야기**
별담(김민경)

1. 출산 방법이 뭐라고 ○ 152

2. 나라고 리더가 되고 싶었겠니? ○ 157

3. 부캐까지는 아니지만 ○ 161

4. 나에게 중요한 삶의 가치는? ○ 166

5. 우리에게 닥친 사춘기 ○ 170

에필로그 왜 별글에 왔나요? ○ 176

3부. 높이, 멀리, 함께 날자

○ **더할 나위 없이 좋은 우리**
모모(진수민)

1. 엄마라는 이름은 시작만 있다 ○ 182

2. 죄인은 꽃차를 받으시오 ○ 186

3. 나에게 근성이라곤 찾아볼 수 없다고? ○ 190

4. 발구름판을 힘차게 굴러! ○ 194

5. 어우러지는 든든한 나무처럼 ○ 197

에필로그 책 씁시다 ○ 202

○ **행복은 여기에**
스마일정쌤(박정)

1. 나의 영웅, 우리 엄마 ○ 208

2. 고맙고 사랑해 ○ 212

3. 간절한 마음 ○ 218

4. 번아웃을 극복할 수 있을까? ○ 222

5. 나에게 주는 선물 ○ 226

에필로그 - 함께 있어 주는 사람 ○ 229

1부

배움과 성장, 꿈꾸는 나

"

밤하늘을 올려다봅니다. 오색찬란한 무지갯빛이 우리를 밝혀줍니다.
저 수많은 별빛 중 우리는 어떤 빛깔의 별들일까요?
자신의 빛을 찾아가는 소소한 꿈 이야기에 동행해 주시길 소망하며
별글 초대장을 부칩니다.

"

별들이 피우는
무지개

◆ 별세라(구새나) ◆

세라톡톡 영어교실 대표, e음연구회 선임연구원, SDGs 환경전문강사

- 이메일 : saenak50@gmail.com
- 인스타그램 : https://www.instagram.com/saratalktalk34
- 블로그 : https://blog.naver.com/saenak

똘똘아, 안녕!

◉ 오랜 기다림이 나에겐

"응애, 응애…"

옆에 같이 누워있던 다른 산모가 아기를 낳고 병실로 올라갔다. 부러운 마음이 온몸을 타고 올라왔다.

"간호사 선생님, 우리 아기는 아직 멀었나요?"

"어머니, 잠시만요. 다시 한번 볼게요… 어쩌죠? 아직 문이 덜 열렸네요. 힘드시겠지만 조금만 더 기다리세요."

기다리라는 말이 이렇게 슬플 줄이야. 무심하게 지나쳐가는 간호사 선생님을 붙잡고 엉엉 소리 내어 울고 싶을 정도로 서글프고 눈앞이 캄캄했다.

전날 새벽에 진통이 시작되어 병원에 입원했다. 관장에 무통 주사까지 연결하고 분만 대기실에 누웠지만, 일정한 간격으로 배 아래를 짓

누르는 고통은 여전했다. 간호사 선생님이 수시로 내진했지만, 아기문이 아직 몇 프로밖에 열리지 않았다고 하셨다. 결국, 밤까지 씨름하다가 병실을 배정받아 올라갔다. 몸도 마음도 지쳐 잠시라도 편하게 잠을 청하고 싶었다. 그렇지만 밤새 이어지는 고통은 미친 사람처럼 뭐라도 손에 쥐고 비틀고 싶게 만들었다. 그 순간 보호자 침대에서 드르렁 코를 골며 자는 신랑이 왜 그리도 얄미워 보이는지? 그의 머리채를 잡고 흔들어 깨우고 싶은 충동적인 감정도 솟구쳤다. 그렇게 꼬박 뜬눈으로 밤을 지새우다시피 했다.

● 심기일전

아침이 밝아오자 바로 분만 대기실로 내려갔다. 아무런 기력도 남아 있지 않다. '아, 관장부터 다시 시작해야 한다니…' 자연 분만이라는 영광을 다 내려놓고 수술장으로 들어가고 싶은 마음이 간절했다. 그렇지만 밤새 진통을 이겨내며 고생한 시간이 아까웠다. 두 손으로 뱃속 똘똘이를 어루만졌더니 발로 '톡톡' 엄마를 응원하는 듯한 메시지에 힘을 내기로 했다.

'똘똘아, 엄마가 조금만 더 힘내볼게. 오늘은 꼭 만나자! 우리 둘 다 파이팅!'

대기실에 누워 내진을 반복하는 괴로운 시간이 시작되었다. 큰 절구 방망이를 들고 배 아래를 반복해서 강하게 내려찍는 듯한 찌릿찌릿한 고통이 느껴졌다. 이틀 동안 진통이 이어지면서 아기를 여러 명 낳는

별들이 피우는 무지개

엄마들이 정말 위대해 보였다. 그들을 향한 무한한 존경심도 북받쳤다.

오전 시간을, 아랫배를 끌어안은 채 끙끙거리며 힘겹게 보냈다. 친정엄마가 잠시 들어오셔서 내 손을 꼭 잡으셨다.

"딸, 괜찮아? 얼굴이 안 좋네. 힘들어서 어쩌면 좋니!"

"엄마, 너무 힘들어요. 그냥 수술하고 싶어요."

"힘들겠지만 조금만 더 참아봐. 절에서 오늘 3시 넘어 아이를 낳으면 시간대가 좋다고 하시네." 아픈 가운데 어이없는 실소가 피시식 새어 나왔다.

"엄마, 그게 제 마음대로 돼요? 지금도 이렇게 아파 죽겠는데…" 그렇게 말하면서도 엄마의 그 말이 귀에 꽂혔나 보다. 똘똘이도 그 말을 들었던 걸까? 결국 시간은 오후 3시를 넘어가고 있었다.

'시간이 언제 이렇게 흘렀지? 똘똘아, 이제 좀 나오면 안 될까?'

오후 4시가 넘어갈 때쯤 갑자기 침대 아래 시트가 축축해지는 느낌이 들었다. 불안한 마음에 간호사 선생님을 급하게 불렀다. 선생님이 보시더니 다급한 목소리로 말씀하셨다.

"어머니, 양수가 터졌어요. 아기 문도 거의 열린 것 같으니까 이제 분만실로 바로 이동할게요."

양수가 터져 걱정스러운 마음보다 분만실로 이동한다는 말이 더 기쁘고 희망적이었다. 드디어 똘똘이와 세상 밖에서 만날 수 있다는 설렘이 콩닥콩닥 마음을 두드렸다. 이 지긋지긋한 진통을 끝낼 수 있다는 사실만으로도 너무 행복했다.

● 보고 싶다, 똘똘아!

분만실로 들어가 출산 준비를 마치자, 의사 선생님께서 들어오셨다.

"자. 준비되셨나요? 이제 아기가 머리부터 나올 거니까 아랫배에 힘껏 힘을 주세요!"

처음에는 무작정 아랫배에 힘을 강하게 줬다. 그리곤 풍선에 바람이 빠지듯 호흡이 흐트러지면서 푸시시식 빠르게 힘이 빠져나갔다. 눈물이 핑, 아프기만 했다. 온몸에서 기력이 다 빠져나가 버린 것 같았다. 진한 고통이 다리에서부터 가슴까지 타고 올라왔다.

"아기가 아래로 자리를 잘 잡았어요. 한 번만 더 세게 힘을 주세요."

먼저 입안 가득 크게 호흡을 들이마시고, 호흡이 쉽게 빠져나가지 못하게 이빨을 꼭 깨물었다.

"으으윽!"

이빨 사이로 뼈가 으스러지는 듯한 비명이 새어 나왔다. 뭔가 아래를 내려치면서 밀고 내려오는 강한 느낌이 들었다. 마지막이라는 각오로 온몸에 힘을 끌어모았다. 입부터 가슴을 지나 아랫배를 타고 전율하듯 몸속 뒤틀린 장기 하나까지 뿜어냈다. 그 순간 훅 미끄러지듯 커다란 생명체가 몸 밖으로 빠르게 빠져나오는 느낌이 들었다.

별들이 피우는 무지개

의사 선생님이 들어오신 지 5분 만에 이뤄진 감격의 순간이었다. 이 틀간의 고통이 무색할 정도였다. 마치 도깨비가 "똘똘이 나와라, 뚝 딱!" 한 것처럼 보물 같은 똘똘이가 눈앞에 있었다. 쩌렁쩌렁한 울음소리가 분만실을 가득 채웠다.

　"고생하셨습니다. 건강한 아들입니다. 손발도 모두 정상입니다."
　오랜 진통으로 녹초가 되어 비몽사몽 정신이 없는 중에도 처음 만난 똘똘이의 모습에서 눈을 뗄 수 없었다. 큰 수건으로 몸이 둘러싸여 붉은 기운이 감도는 얼굴만 내민 자그마한 아기가 큰 소리로 울고 있었다. 글썽글썽 커다란 눈망울, 수건 사이로 삐져나온 까만 머리카락. 누구를 닮아 태어날 때부터 머리숱이 이리도 많은 건지 아픈 와중에 웃음이 배시시 튀어나왔다.

　세상을 향해 자기가 태어났음을 당당히 선포하며 건강하게 울부짖고 있는 내 아기, 똘똘이! 사랑하는 나의 아들 똘똘이와의 첫 만남은 오랜 산고의 고통 끝에 만난 감동의 순간이었다.

　'정말로 소중한 우리 아기를 만났어. 내가 이 작고 예쁜 아이의 엄마야. 똘똘아, 엄마의 아기로 태어나줘서 정말 고마워. 그리고 사랑해! 우리 앞으로 잘해보자.'

신이시여,
더 이상 나를 시험하지 마세요

◉ 이제 핑크빛 인생?

금전적인 어려움으로 결혼하기까지 어려움을 겪었지만 결혼 후에는 남편과 같이 헤쳐나가며 지치고 힘든 마음이 많이 안정되었다. 나를 위해 공부도 열심히 했고 기업체 출강, 영어 전문학원, 고등학교 영어 강사로 커리어도 쌓아 나갔다. 아이를 낳기 직전까지 몸담았던 초등학교 방과 후 영어 강사의 일도 보람되고 재미있었다. 학교 선생님과 학부모님들께도 실력을 인정받았으며, 가르치는 아이들도 마냥 예쁘고 사랑스러웠다. 그리곤 결혼 5년 만에 간절히 기다리던 세상에서 가장 소중한 아들도 품에 안았다. '나한테 이제는 핑크빛 인생만 남았구나!' 하고 희망적인 마음으로 가득 찼다.

"와! 정말 축하해.", "큰일 했다.", "고생했어.", "누구 닮았는지 참 잘생기고, 머리숱도 많네!" 많은 축하 메시지와 안부 인사를 받았다. '이

별들이 피우는 무지개

보다 행복할 수가 있을까? 이거 꿈 아니지?' 소곤소곤 행복한 속삭임이 기분 좋게 들렸다.

그때 행복감이 커서인지 마음속 아래 숨겨진 작은 틈 사이로 불안감이 불쑥 고개를 내밀었다.

'이렇게 행복해도 되는 걸까?'

◉ 왜 나한테만 이런 일이!

역시나 나한테 그냥 주어지는 건 없었다. 가장 행복하다고 생각할 때, 나의 불안감은 그대로 현실이 되었다. 아들을 출산하고 마지막 3일째 퇴원 준비를 하고 있을 때였다. 병실 밖에서 다닥다닥 가까워지는 긴장된 발소리가 들렸다. '무슨 일이지?' 생각하는 사이에 갑자기 드르륵 병실 문이 열리면서 간호사 선생님이 굳은 표정으로 들어오셨다. 어두운 낯빛에서 불길함이 보였다. 두려움이 엄습했다.

"어머니, 너무 놀라지 말고 들으세요. 아이 상태가 좀 이상해요. 우유도 잘 안 먹고, 변도 거의 보지 못하네요. 아무래도 큰 병원으로 이동시켜 검사를 해봐야 할 것 같아요."

"네? 정말요, 어떡해요?"

갑자기 머릿속이 하얘지면서 말문이 막혔다. 눈앞은 깜깜해지고 온 세상이 무너져 내리는 기분이었다. 혹시나 하는 마음에 두려움이 밀려들면서 쉴 새 없이 눈물이 흘렀다. 잠시 뒤 그 소식을 전해 들은 신랑과 친정아버지도 몹시 놀라고 당황하셨다. 신랑은 빠르게 마음을 가다 듣고 침착하게 병원 관계자와 협의해서 이송할 인근 병원부터 찾았다. 그리고 곧장 아이를 구급차에 태워 삼성창원병원으로 이송했다.

그날 저녁 검사 후 작은 몸에 칼을 대는 첫 응급 수술을 했다. 눈물로 범벅된 얼굴과 팅팅 부은 손, 발, 다리를 끌고 수술장 앞에서 두 손 모아 기도했다. '우리 가엾은 아기, 살려만 주세요!' 수술이 예상 시간보다 한참 더 걸리면서 마음이 초조하게 떨렸다. 대기실 앞 수술 진행 현황 안내판 위 아들의 이름에서 눈을 뗄 수가 없었다. 몇 시간의 응급 수술이 끝나고 드디어 수술실 문이 열렸다. 조그마한 몸 위로 여러 연결 라인과 배 위에 몸 반 크기인 장루 봉투를 달고 힘겨운 호흡을 하는 아이를 만났다. 감사함과 안쓰러움의 복잡미묘한 심경들로 인해 눈물이 멈추지 않고 두 볼을 타고 흘렀다.

"아들, 수술받는다고 고생했어. 잘 이겨내 줘서 고마워."

수술 후 2주간 신생아 집중 치료실에서 아들의 치료와 검사가 이어졌다.

첫 수술은 시작에 불과했다. 그 뒤 몇 년간 힘든 수술과 치료, 장기적인 병원 생활이 이어졌다. 나는 다른 선택의 여지도 없이 하던 모든 일을 멈추었다. 자신을 내려놓고 엄마로서 아이를 치료하고 살리는 일에만 힘을 쏟아부었다.

처음에는 왜 나한테만 이런 일이 계속 생기지? 정말 억울하고 하늘이 무수히도 원망스러웠다. '내가 뭘 그렇게 잘못했나요? 당신께서 끊

별들이 피우는 무지개

임없이 시험할 만큼 강한 사람 아니라고요.' 라고 소리치며 원망과 자책도 많이 했다.

'이 또한 지나가리라!'

시간은 무심하게 흘러가면서 암흑 속에 멈춰버린 듯한 내 삶에도 변화가 찾아오기 시작했다. 아들이 태어난 지 6개월쯤 되어 지방이 아닌 서울에 있는 삼성서울병원으로 옮기면서부터였다. 사실 처음에는 사람들과 부딪히기가 무섭고 부담스러웠다. 입원해서도 2인실 안쪽 자리에 커튼을 치고 스스로 아이와 둘만 고립시켰다. 그러다가 다인실로 병실을 옮기면서 상황들이 조금씩 달라졌다. 그곳에서 더 위중한 아이들을 많이 마주했기 때문이다. 환아 엄마들과 힘든 상황을 이야기 나누고 소통하면서 위로도 주고받았다. 나를 일으켜 세운 가장 큰 힘은 조금씩 나아지는 '지금, 이 순간'에 감사할 줄 아는 마음이었다. 또한, 죽고 싶을 만큼 원망스러운 현실도 시간의 힘 앞에서 버틸 수 있는 강인함으로 단단해졌다.

'부디 아들만 건강하게 해주세요. 뭐든지 다 할게요!'

정말 매일 같이 기도하며 신에게 애원하고 매달렸다. 자식을 위해서는 목숨도 바칠 수 있다는 부모의 마음이 바로 이런 걸까? 나도 모르게 잠재된 내면 깊숙한 곳에서 '엄마' 라는 단어가 메아리쳤다. 늘 애타게 그리웠던 엄마의 자리! 포기하고 싶지 않았다. 아이 옆을 꼭 지켜주고 싶었다. 끈끈한 뭉클함이 온몸 혈류를 타고 흐르는 것 같았다.

껍질을 벗고 희망을 노래하리

◉ 잃어버린 새나를 찾아서

아들이 4살이 되면서 건강이 좀 회복되기 시작하자 어린이집 도움을 조금씩 받을 수 있었다. 치료의 과정이 아직 다 끝난 건 아니지만 나날이 좋아짐에 감사했다. 여유가 조금 생기자 그제서야 삶에 지치고 마음의 병이 깊어진 나 자신의 초라한 모습이 보였다.

"신랑, 이제 나 자신을 좀 찾고 싶어. 배우고 싶었던 수업이 있는데 주말 하루만 아이 좀 봐주면 안 될까?" 그렇게 용기 내어 부탁 아닌 통보를 했다.

그리고 오랜 시간 동안 멈춰버린 나를 되찾기 위해 영어독서지도사, 유아영어지도사, 파닉스지도사, 동화구연지도사, 독서토론지도사, 유치원 정교사 자격증, 보육교사 자격증 등 영어와 교육 관련 자격증을 따기 위해 도전하기 시작했다. 지금 생각해보면 마치 자격증에 목마르고 미친 사람 같았다. 토요일이면 창원으로, 부산으로, 서울로 뛰어다니는 내 모습은 무엇에 홀린 사람처럼 보였기 때문이다.

수업 하러 가기 전 새벽에는 솔직히 마음이 더 분주했다. 뭐가 그리도 조마조마한지 잠들어 있는 신랑과 아이가 먹을 국과 반찬들을 챙긴다고 말이다. 살금살금 집을 빠져나와 택시로 이동했다. 아직 어둑한 기차역에서 KTX 첫차로 나를 찾으러 떠나는 직전까지 두근거리면서 긴장되었다.

나에게 배움이란 유일하게 숨 쉴 수 있는 통로였다.

"뭘 그렇게 힘들게 배우러 다니니?"라며 물어오는 이도 있었다. 그럴 때면 나는 이렇게 대답했다.

"살려고, 버틸려고, 잃어버린 나를 좀 찾고 싶어서…"

◉ 껍질을 벗으려면…

분주히 발버둥 치며 찾아다닌 나의 진짜 꿈은 무엇이었을까?

서른다섯, 조금 늦은 나이에 아들이 세상에 태어나면서 엄마라는 새로운 이름표를 달았다. 그 이후로 핑크빛 꿈과는 달리 헉헉 숨을 헐떡이며 아등바등 살아왔다. 그렇지만 내가 살아온 삶에 다소 부족함은 있었을지라도 아들과 함께 엄마로 살아온 시간에 대한 후회는 없다. 그때로 돌아가 새로운 삶을 선택할 기회가 주어진다고 해도 아들을 품에 안고 엄마라는 타이틀을 감사히 받을 것이다.

몇 년간 애태우며 안쓰럽게 지켜보던 언니가 어느 날 내 손을 잡으며 이야기했다.

"새나야, 나는 내 동생이 그 힘든 시간을 이렇게 잘 버티고 이겨낼 지 정말 몰랐어. 우리 동생 너무 대견해! 언니는 언제나 우리 동생 편 인 거 알지? 힘들 때는 언제든지 고민하지 말고 언니한테 와. 세상에 서 젤루 사랑하는 내 동생 힘내."

자주 못 만나도 늘 마음 한구석 큰 힘이 되는 반쪽이자 엄마 같은 언 니의 말이 또 버티게 해주었다. 사실 나도 몰랐다. 내가 잘 살아낼 수 있을지. 현실에서 도피하고 싶은 마음도 불쑥불쑥 튀어 올라왔다. 그 때마다 나만 바라보는 아이의 커다란 눈망울이, 자그마한 손길이 나를 붙잡아주고 위로해 주었다. 한마음으로 응원해 준 소중한 가족이 있었 기에 엄마의 이름으로 이 자리를 지켜낼 수 있었다.

30대였던 나에게 꿈은 꿈틀꿈틀 세상을 향해 두꺼운 껍질을 벗으려 는 간절한 번데기의 몸짓이었다. 아들과 함께했던 지난 힘든 시간 속 에 더 이상 누군가를 원망하고 싶지는 않다. 더 좋아지는 하루하루에 진심으로 감사하면서 살뿐이다. 사랑스러운 아들에게는 자신의 꿈을 향해 발전하고 나아가는 당당한 엄마가 되고 싶다.

오늘도 단단한 세상의 껍질을 투두둑! 소리가 나도록 한 꺼풀 벗겨 내며 나 자신의 빛과 색을 찾아가고 있다.

"새나야, 넌 잘해왔고, 잘하고 있고, 앞으로도 잘할 거야. 항상 응원 할게!"

별들이 피우는 무지개

너와 나 내면의 아이야, 웃어라

⬤ 담임선생님과 첫 상담

아들이 초등학교 1학년이 되었다. 아들은 초등학교 입학 후에도 빈혈이 해결되지 않았다. 그래서 2주에서 3주에 한 번씩 정기적으로 철분 주사를 맞기 위해 삼성서울병원에 가서 진료를 받아야 했다. 3월 말에 담임선생님과 상담 일자가 정해졌다. 아이의 상황을 알리고 병원 외래 진료 시 병결(病缺) 방법을 안내받아야 했기에 방문 상담 신청을 했다. 선생님을 만나 뵙기 전 아이에 대한 건강 관련 설문지를 꼼꼼히 작성해 선생님께 먼저 제출했다.

초등학생 학부모로서 첫 상담이라 그런지 살짝 떨렸다. 옷장에서 가장 깔끔하고 단정해 보이는 아이보리 색 원피스를 차려입고 화장을 가볍게 한 채 아이 학교로 향했다. 교실 앞에서 숨을 한번 가다듬고 노크한 후 드르륵 문을 열었다.

"안녕하세요. 선생님! 윤준빈 엄마입니다."

"반갑습니다. 어머니, 잘 오셨습니다. 안 그래도 한번 뵙고 싶었습니다."

첫인상이 부드럽고 목소리도 포근하셔서 인사를 나누자마자 마음이 편안해졌다. 아이의 설문지를 먼저 읽어보고 궁금한 부분이 많으신지 학교생활, 친구 관계, 건강 등에 관한 질문을 해오셨다.

"선생님, 아이가 한 번씩 삼성서울병원 외래 진료가 있어요. 혹시 정기적인 병원 진료도 출석 인정이 될까요?"

"아니요, 어머니! 병결은 따로 인정되는 부분이 없으세요. 만일에 결석으로 기록을 남기고 싶지 않으시면 병원 가시는 3일 전에 현장 체험 신청서를 작성해서 제출하세요. 그리고 다녀오셔서 체험보고서를 제출해 주시면 되세요."

"매번 병원에 갈 때마다 신청서와 보고서를 작성해야 하나요?"

"네, 좀 번거로우실 수 있겠지만 결석으로 기록을 남기는 상황보다는 낫지 않을까요? 어머니께서 선택하시면 되세요. 체험신청서 쓰실 때 병원 방문은 내용으로 인정되지 않으세요."

"네, 그러면 서류 작성해서 제출하도록 할게요. 감사합니다!"

◉ 같은 공간 다른 설렘

집으로 돌아오는 길에 괜히 마음이 좀 씁쓸했다. 진단을 받아 정기적으로 병원에 다니는데도 일정한 부분이 인정되지 않고 모두 결석 처리된다니! 그런데 바로 그때 머릿속에서 번쩍 뇌리를 스치며 한 가지

별들이 피우는 무지개

아이디어가 떠올랐다.

'그러면 이번 기회에 가보지 못한 서울 유명 장소들을 아이랑 실제로 현장 체험해 볼까? 오전 진료를 받고 빨리 움직이면 오후에는 체험이 가능할 것 같은데...'

후다닥 집으로 와 아들에게 다소 들뜬 목소리로 물었다.

"아들, 엄마가 오늘 담임선생님을 만나 상담하고 왔어. 선생님께서 서울 병원에 갈 때 현장 체험 학습서를 작성해 제출해야 한다고 하시네. 그런데 엄마는 거짓말로 내용을 채우고 싶지 않거든? 그래서 우리 병원 갈 때마다 진짜로 서울 여행을 하는 건 어때?"

생각지도 못한 엄마의 특별한 제안에 아들은 흥분한 표정으로 대답했다.

"진짜? 엄마, 서울 여행하면 정말 재밌을 것 같아. 좋아, 좋아! 언제 갈 거야? 어디부터 갈까? 나도 서울에 병원 말고 진짜 놀러 가보고 싶었어."

그날 아들과 무작정 서울 투어를 약속하고 첫 현장 체험 장소를 검색했다. 서울에서 어디로 가면 좋을지 기분 좋은 고민에 빠졌다. 즐거운 의논 끝에, 첫 여행지는 기린과 동물들을 만나고 싶다는 아들 바람대로 서울대공원으로 정했다.

'귀여운 녀석, 아직도 동물이 좋구나!' 이미 마음은 서울대공원 티켓을 끊고 신나서 입장하고 있었다. 그 모습을 떠올리자 연신 자연스레 웃음이 났다.

여러 날이 지나고 드디어 서울 병원 진료일이 되었다. 늘 병원 가는 날이면 둘 다 반쯤은 죽상을 하고 전날부터 스트레스를 받았지만, 병원 진료가 끝나고 떠날 여행지가 있다고 생각하니 왠지 마음이 설레며 더 기다려졌다.

오후를 가능한 한 알차게 활용하기 위해 병원 진료 시간을 가장 빠른 오전 시간으로 예약했다. 그리고 삼성서울병원에 도착해 분주하게 움직여 피검사, 교수님 진료, 철분 주사까지 일정을 최대한 빠르게 소화했다.

'아침부터 왜 이리도 두근거리는 걸까?' 오랜 세월 창원과 서울을 거의 매달 왕복하면서도 그동안 서울에서 여행한 곳은 몇 군데 없었다. 지난 시간을 떠올리자 갑자기 서글픔이 밀려들었다. 고개를 흔들어 서글픔을 떨쳐내고 마음을 긍정적으로 바꿨다. 이제부터 시작되는 새로운 출발이 희망의 빛줄기가 되어 줄 거라고 믿었다.

병원 앞에서 택시로 이동, 서울대공원 입구에 도착하여 먼저 티켓을 끊고 투어를 위한 만반의 준비를 했다. 곤돌라를 타고 올라가 오래 걷기 힘들어하는 아들을 위해 챙겨간 접이식 유모차를 펼쳐 아들을 먼저 앉혔다. 그리고 무거운 가방을 어깨에서 내려 유모차 손잡이에 걸고 공원 코스를 확인했다.

"엄마, 나 기린 너무 보고 싶어."

"그래? 그럼, 저쪽 코스로 먼저 가보자. 와, 저기 기린 발견!"

"엄마, 빨리 달려."

"알았어, 꽉 잡아. 간다."

기린을 시작으로 사자 무리들, 곰, 코끼리, 늑대, 원숭이 등 그간 만나고 싶어 하던 다양한 동물들을 만났다. 공원이 넓고 코스가 길어 빠르게 움직이다 보니 다리가 아프고 힘들기도 했다. 하지만 몸과 달리 마음속 발걸음은 이곳저곳을 돌아다녀도 힘들지 않다고 내게 말하는 것 같았다.

다행히도 집으로 돌아가는 KTX를 제 시간에 탈 수 있었다. 둘 다 얼굴에 지치고 피곤함이 가득했지만, 키득키득 웃으며 입가에는 미소가 번졌다.

"아들, 지금 컨디션 괜찮아? 오늘 어땠어?"

"엄마, 오늘 최고였어. 중간에 걸을 때는 다리도 아프고 좀 힘들었는데 정말 행복했어."

"진짜? 엄마도 그래. 몸은 피곤하지만, 놀러 와서 신나고 좋았어. 다음에 서울 올 때도 놀러 갈까?"

"응. 병원 오는 게 피도 뽑고 주사도 맞아야 해서 힘들었는데, 이제는 즐거울 것 같아. 서울에 오는 날이 기다려져."

"와! 엄마랑 같은 생각이네. 다음에는 어디 가고 싶은지 한번 생각해봐. 울 아들이 즐거우니까 엄마도 행복해. 우리 다음에 더 좋은 데 놀러 가자! 신난다!"

피곤한 두 얼굴에 잔잔히 번지는 웃음은 진정한 행복에서 뿜어 나왔다. 엄마와 아들 모두 해맑게 웃으며 오늘도 함께 성장하고 있었다.

첫 여행 이후 과천 어린이과학관, 국립중앙박물관, 고궁박물관, 역사박물관, 공룡박물관, 경복궁, 청계천, 청와대, 인사동, 런닝맨, 놀이동산(인사동), 남산타워, 롯데 아쿠아리움, 롯데월드, 키자니아 등 둘만의 행복 체험이 2년 넘게 차곡차곡 추억으로 쌓여갔다.

◉ 소중한 시간의 의미

이번 선택은 무엇보다 우리에게 소중한 기회이자 의미 있는 시간이었다. 왜냐하면 병원이라는 부정적인 감정을 내면에서 끌어올려 긍정의 의미로 승화시키는 계기가 되었기 때문이다.

결국 아들과 나 자신에게도 작전 대성공이었다. 우리 둘에게는 희망찬 도전과 긍정의 세상으로 용기 내어 내딛는 에너지이자 발돋움이 되어 주었다.

'아들, 우리 이제 더 행복해지자! 몸도 마음도 더 건강해지자!
함께라서 고마워!'

5

아들, 응답하라. 오바!!!

◉ 감동은 뜬금없이

아들에게 물려주고 싶은 나의 가치이자 유산이 무엇일지 곰곰이 생각에 빠졌다. 그러다가 2년 전쯤 아들과의 대화가 떠올라 블로그 글을 찾아보았다.

거실에 함께 앉아 있던 초등학교 5학년인 아들이 뜬금없이 내 곁에 와서 물었다.

"엄마, 엄마는 왜 아직도 나한테 책을 읽어줘? 다른 친구들은 지금도 책 읽어주는 엄마는 거의 없던데?"

질문을 받자마자 마음속 깊이 진한 감동이 퍼졌다. 아들이 이런 질문을 던질지 예상하지 못했다. 전혀 기대하지도 않았다. 좀 더 시간이 흘러야 엄마 마음을 조금이라도 느낄 줄 알았다.

"궁금해? 사실 엄마는 어렸을 때부터 책을 좋아했었는데, 그땐 지금

만큼 책이 많이 없었어. 책값이 비싸서 여러 권 사기도 힘들었거든. 집 가까운 도서관도 없어서 책 빌리기도 어려웠고."

"정말? 그럼, 책을 어떻게 읽었어?"

"가끔 용돈을 모아 사거나 집에서 몇 정거장 떨어진 도서관에서 빌려 읽었어. 대학생 때 도서관에서 아르바이트하면서 책을 볼 기회가 더 많았네. 가끔 지치거나 여유로운 날에는 도서관에서 읽고 싶은 책 한 권 선택해서 하루 종일 푹 빠져 읽었지!"

"도서관 아르바이트도 했어?"

"그랬지. 책이랑 인연이 많았나 봐. 그런데 엄마는 요즘 책을 가장 많이 읽고 있어. 여유로울 때도, 힘들거나 지칠 때도, 고민이 생겼을 때도 책을 보려고 하지. 그때마다 상황에 맞는 책을 읽으면 책이 나에게 말을 걸어주더라고!"

"에이, 책이 어떻게 말을 해?"

"엄마가 필요할 때 책을 펼치면, 이상하게도 현명한 방법과 방향을 알게 되었어. 신기하지? 책이 마치 친구나 선생님, 때론 전문가의 말처럼 들렸다니까."

"정말? 나는 아직 모르겠는데. 그래도 가끔 읽으면 재미있을 때도 있어."

"엄마는 예전에 느꼈지. 그래서 지금도 매일 밤 책을 읽어주는 거야. 왜냐하면 엄마가 느낀 것을 아들도 느꼈으면 좋겠거든. 그게 엄마가 너에게 줄 수 있는 가장 큰 선물이라고 생각해."

별들이 피우는 무지개

아들의 눈빛은 반짝였고, 얼굴에는 씨익 미소가 지어졌다.

"엄마, 고마워! 그리고 사랑해! 나는 엄마가 책 읽어주는 게 진짜 좋아." 라고 말하면서 나를 꼭 안아주었다.

● 중1 아들과 밤마다 삼국지를

어느새 훌쩍 자라 중학교 1학년이 된 아들! 나는 지금도 밤에 잠자리에 들기 전 종종 아들에게 책을 읽어준다. 아들은 잘 시간이 되면 방에 불을 끄고 스탠드를 켠 뒤 2층 침대에 눕는다. 그리고 잠들지 않으려고 머리를 들고 눈을 부릅뜬 채 나를 소리쳐 부른다.

"엄마, 잠이 안 와. 빨리 책 읽어줘."

"엄마가 책 읽어주는 게 자장가니? 읽다 보면 혼자 금방 자고 있던데?"

"아니야. 눈감고 다 듣고 있어. 걱정하지 마!"

요즘은 잠자리에서 설민석의 삼국지를 읽어주고 있다. 다양한 인물들의 매력에 빠져서 킥킥 웃기도 하고 의아해하기도 하며 책 속 대화를 나눈다. 때론 책 읽다가 내가 꾸벅꾸벅 졸기도 하고, 아들이 듣다가 말없이 잠들기도 한다. 마무리하지 못한 일들로 피곤하고 마음이 분주할 때는 핑곗거리를 만들 때도 있다.

"아들, 오늘은 엄마가 할 일이 많이 남았는데 그냥 좀 자면 안 돼? 시간이 늦었잖아!"

"그럼, 조금만 읽어줘. 엄마 이야기를 들어야 잘 수 있어."

아직 엄마에게 책을 읽어 달라고 조르는 아들이 참 고맙다. 언제까지가 될지는 모르지만, 아들이 원할 때까지는 계속 엄마의 목소리로 읽어주고 싶다. 아들과 나 우리 둘에게 행복하고 감사한 시간이기 때문이다.

◉ 책은 꿈이다

아들에게 물려주고 싶은 가치를 찾아보다가 가장 마음에 울림을 준 두 문장이 있었다.

> 책은 가장 조용하고 변함없는 친구이며, 가장 쉽게 접근할 수 있고 가장 지혜로운 상담자이며, 가장 인내심이 강한 교사이다.　　　　– 찰스 윌리엄 엘리엇

> '책은 손에 쥔 꿈이다.'　　　　– 닐 게이먼

아들도 다른 남자아이들처럼 운동과 게임을 제일 좋아한다. 나는 이런 평범한 일상도 아들이 친구들과 함께 즐길 수 있기를 바란다. 여기에 하나 더 바란다면 책이라는 또 다른 친구도 늘 편안하게 옆에 두고 함께 했으면 좋겠다. 공부 잘하고 똑똑한 사람이기 이전에 지혜로운 사람으로 자신의 꿈을 맘껏 펼쳐나갈 수 있기를. 몸과 마음이 건강한 진짜 어른으로 성장해 나가길 소망한다. 우리 집 가훈인 '그럼에도 불

구하고' 아래 '책의 지혜'가 바로 내가 가장 물려주고 싶은 삶의 가치이
자 유산이다.

"아들, 엄마는 말이야. 아들이 무엇보다 몸과 마음이 단단하고 건강
했으면 좋겠어! 살다 보면 분명 지치고 힘든 순간도 있을 거야. 아빠,
엄마가 아들의 좋은 일도, 힘든 일도 늘 함께 나눌 수 있다면 좋겠지
만, 언젠가는 그러지 못할 수도 있겠지. 그때 아들이 뭔가 새로운 힘
이나 조언이 필요하다고 느낄 때 옆에 있는 책을 한번 펼쳐봐. 넌 절대
혼자가 아니야. 엄마의 간절한 소원처럼 늘 강한 너 자신이 있어. 주위
많은 현명한 분들도 널 지켜주고, 위로해 주며, 밝혀줄 거야. 엄마는
앞으로 누구보다 강하고 지혜로워질 아들을 믿고, 엄마의 소망을 믿
어! 아빠, 엄마가 너의 곁에 있든 없든 항상 사랑해. 그리고 우리 아들
로 와줘서 정말 고마워! 아들의 반짝반짝 빛나는 꿈과 가치로 나아가
는 길에 늘 행운과 사랑이 가득하기를 응원할게!"

3040 온전한 나를 찾아

내 이름 석 자를 잠시 내려놓은 채 배움을 지속하면서 8년 가까운 시간을 보냈다. 열정적으로 배우고 나를 업그레이드 시키면서 육아로 지친 마음속 허기를 조금씩 채워 나갔다. 그렇게 아이와 힘들게 반복되는 일상의 고립감을 배움이라는 유일한 위로로 이겨내며 살아냈다.

아들이 8살이 되었을 때 우연히 새로운 도전의 기회가 생겼다. 유치원 친구 엄마들의 부탁으로 친구들 3명과 함께 세라 영어교실을 오픈하게 된 기념적인 해였다. 8년의 공백기 후 처음으로 이름을 내걸고 일을 시작해 조금씩 확장하면서 지금까지 이어오고 있다. 나의 있는 그대로를 믿고 아이들을 맡겨준 어머님들께 진심으로 고마움을 전하고 싶다.

◉ 지금 현재의 나는

우리 시간에는 로켓이라도 달린 걸까? 초고속으로 사라지는 시간을

별들이 피우는무지개

조금이라도 붙들고 나 자신을 위해 쏟아붓고 싶은 갈망이 일어난다. 그래서 밤 11시를 넘기며 아파트 독서실에 앉아 노트북을 펼치고 이 글을 타이핑한다. 구 작가, 새나 작가, 별세라 작가라는 뚜렷한 목표를 향해!

"온전한? 사랑스러운 나?"

이 말을 떠올리며 내면 깊숙한 곳까지 들여다본다. 아직 이루고 싶은 많은 꿈이 온전하다고 말하기에는 갈 길이 멀다. 하지만 지금까지 잘 살아온 스스로가 참 고맙고 사랑스럽기는 하다.

'나는 어떤 사람일까?

지금 잘 살아가고 있나?

무엇을 위해 이렇게 달려가고 있는 걸까?

왜 이렇게 해보고 싶은 게 많은 걸까?

앞으로도 목표하고 꿈꾸는 일을 잘 해낼 수 있을까?

언제쯤 편안한 여유로움을 찾아갈 수 있을까?'

무수한 질문들을 쏟아낸다. 물음표가 품은 해답을 찾아 다시 꿈을 꾸고 또 나아간다.

40대 중후반을 달려가며 최선을 다해 보내온 지난날들을 돌아보면 후회보다 감사함이 훨씬 많다. 만약 타임머신이 생겨 원하는 과거 한 시점으로 보내준다고 하더라도, 과거로는 되돌아가고 싶지 않다. 내 삶은 매 순간 발전하고 있으니까! 그래도 다른 선택의 기회가 주어진 다면, 과거로 돌아가는 대신 이런 마법을 부리고는 싶다. 40대 중반까지 살아오며 삶 속에서 차곡차곡 쌓아 올린 이 생각과 느낌 그대로 몸만 20대로 바뀌면 좋겠다고 말이다.

◉ 시간의 흐름대로 살아낸 이름

문득 되돌아본 지난 시간은 결코 평탄하지도, 수월하지도 않았다. 갑자기 찾아온 로또 행운 1등 당첨처럼 그저 운만으로 얻은 결과는 하나도 없었다. 물론 복권도 꾸준히 사는 노력이 있어야 당첨 기회가 있겠지만. 시간의 틈 속에서 나에게 가장 큰 위로가 되고, 살아 숨 쉴 버팀목이 되어 주었던 에너지는 가족, 배움과 독서, 감사였다.

20대에는 좋은 사람 만나 예쁜 가정 꾸리며 하고 싶은 일 하면서 평범하게 잘 살고 싶었다. 30대 초 무수한 갈등과 어려움을 뚫고 결혼에 무사히 통과해 영어 강사 일에도 만족하고 인정받았다. 5년 넘는 간절한 기다림 끝에 30대 중반에야 소중한 아들도 품에 안을 수 있었다.

그러다 아들이 태어나면서 엄마라는 이름으로 내 삶은 완전히 뒤바뀌었다. 망설일 틈도 없이 부모님께 물려받은 이름, 구새나를 내려놓았다. 아픈 아들을 돌보며 10번이 넘는 수술과 수십 번의 입·퇴원을 반복하면서 오로지 엄마이자 아들의 전담 간호사로 살았다.

3년쯤 지나자 몸도 마음도 완전히 지쳐 있었다. 지푸라기라도 잡고 싶은 심정으로 신랑에게, 때론 가족과 가까운 지인에게 도움을 요청했다. 죽어가는 삶에 인공 호흡을 하듯 살아낼 힘을 내기 위해 배우고 또 배우면서 허무한 마음속 공간을 채워 나갔다.

처음에는 그저 힘들고 답답한 삶에 숨통을 틔우기 위해 무작정 기회가 닿는 대로 배웠다. 그러다가 이후엔 달라졌다. 진짜 이름, 새나를 되찾고 싶다는 간절한 꿈 메시지가 강렬했다. 그래서 목표를 세웠다. 아이가 없는 오전 시간과 주말을 이용해 목표에 맞는 배움을 선택했다. 그리고 지금은 아들과 나 각자 자리에서 새로운 무지개 꿈을 이루기 위해 꾸준히 배워나가고 있다.

◉ 아들과 함께 꾸는 우리 꿈

현재 나는 이름 앞에 참 많은 고마운 타이틀을 달고 있다. 가족에게는 2남 3녀 중 둘째 딸로 시작해 아내, 엄마 등 다양한 호칭들이 붙어 있다. 일에서는 초, 중등 아이들과 영어로 소통하는 세라 영어 선생님, 진해 청소년 수련관 소속 e음 연구회 선임 연구원이자 SDGs 환경 강사, MKYU 온라인 대학 열정 장학생, 영남 사이버대학 사회복지학과 4학년에 재학 중인 대학생이기도 하다.

코로나 시기에 도전한 온라인 세상에서는 세라톡톡으로 블로그, 인스타도 운영하고 있다. 세상을 열정적으로 살아가는 많은 분과 소중한 인연을 맺으며 여러 오픈 카톡방에서 활동도 하고 있다. 또 바피북클럽과 세느독(이전 엄만독), 그림책 하브루타 독서토론, 원서 읽기 독서 모임에 참여하며, 책으로 만난 좋은 분들과 함께 꾸준히 성장하고 있다.

나아가 작가라는 꿈을 이루기 위해 별글 모임에서 별세라로 이 공저 책을 쓰고 있고, 단독으로 내 책도 쓰고 있다.

올해를 마무리하기 전 가장 이루고 싶은 꿈은 별글 공저 책이 세상에 나와 작가로 당당히 서는 일이다. 그리고 내년에는 단독으로 쓰고 있는 책도 꼭 세상의 빛을 받고 싶다. 작가의 꿈 다음으로 펼칠 간절한 오랜 꿈은 아이들과 엄마들이 참여할 수 있는 교육 문화 센터 오픈이다. 그곳에서 함께 꿈을 피우는 이들의 만남과 배움의 공간을 만들어 우리가 이룬 다양한 꿈의 작품도 전시하고 싶다.

아날 로테아르는 '우리의 꿈은 우리의 지친 현실을 꿈꾸는 별이다' 라고 말했다. 두 눈을 감으면 이루고 싶은 무수한 별들이 마음속에서 늘 반짝인다. 가끔은 소파 위에 딱 달라붙은 늘어진 나무늘보가 될 때도 있다. 그러다가도 짧은 쉼 뒤에는 다시 배우며 나아가고 싶은 충동이 꿈틀거린다. 그게 바로 나다! 그래서 멈추지 않고, 꾸물꾸물 애벌레가 되어서도 내 속도대로 움직여 나간다. 화려하진 않지만, 은은한 오색 빛깔 날개를 펼쳐 하늘을 향해 날아가는 한 마리 아름다운 나비처럼! 오늘도 꿈 찾아 날아가는 내가 나여서 참 고맙고 사랑스럽다.

별들이 피우는 무지개

"별세라, 이제 보이니? 반짝반짝 빛나는 무수한 별들을 한번 세어 봐! 너 안에 숨어있는 무지갯빛도 하나씩 밝혀봐! 넌 그럴 가치가 있는 귀한 사람이야. 지난 시간보다 강해지고 온전해진 나로 나아가는 거야. 넌 뭐든지 할 수 있어. 난 언제나 널 믿고 응원해! 화이팅!"

글쓰기로 꿈을 열다

'나에게 글쓰기란 무엇일까?' 이 질문을 머릿속으로 반복해서 던져보았다. 놓지 못한 하나의 끈이자 마음속 움츠려있던 갈망! 과거 속에 나를 살아 꿈틀거리게 한 따스한 손길! 눈을 지그시 감고 미래를 그려볼 때 늘 마지막 모습 속에 꼭 쥐고 있는 평온한 품!

어릴 때는 글 쓰는 시간이 특별한 이유 없이 그냥 좋았다. 나를 꾸밈없이 표현할 수 있는 작은 도구이기도 했다. 한 편의 글이 나올 때마다 인정과 상도 받아 내게 커다란 기쁨을 안겨주었다. 꾸밈없는 생각의 흔적들로 원고지 칸칸을 채워갈 때마다 뭔가 모를 충만한 감정이 올라왔다. 콩닥콩닥 두근거리는 마음을 끌어안고 서툴게 말로 표현하는 것보다 글이 좋았다. 찬찬히 한 글자 한 글자 새겨넣는 생각의 표현 방법이 편안하고 마음에 들었다.

별들이 피우는 무지개

하지만 힘든 굴곡의 시간이 쌓여가면서 하루하루 삶이 힘에 부치기 시작했다. 감춰진 다이어리 속에 채워지는 글들도 점점 부정적인 단어들로 바뀌어 갔다. 불안하고 우울한 감정들이 글로 표출되면서 더 지치고 힘들었다. 내가 쓴 글을 읽을 때마다 화가 나고 주르륵 눈물이 흘렀다. 쓰고 싶은 글들로 꿈틀거리던 머릿속이 감정의 쓰레기들로 가득 채워져 시커멓게 뿜어져 나오는 무의미한 먹물 같았다. 그러다가 늘 손에 쥐고 있던 노트와 펜을 툭 내려놓았다. 더는 어떤 글도 쓰고 싶지 않았다. 감정 찌꺼기를 뽑아내고 싶지도 않았다. 아니 세상이 멈춰버린 듯 멍하게 아무런 글도 떠오르지 않았다.

그사이 결혼도 하고, 아이도 낳고, 바쁜 일상을 살았다. 아무런 마음의 준비도 없이 아픈 아이를 낳아 키우면서 남들보다 좀 더 특별한 시간을 보냈다. 소중한 아이를 지키기 위해 안간힘을 쓰면서 처음에는 나만 희생하는 것 같아 억울하고 원망스럽기도 했다.

그러던 어느 날 문득 책장을 정리하다가 액자 사진 한 장을 발견했다. 세 살인 아들을 안고 있는 신랑의 모습! 바짝 야위고 생기 없이 꺼무스름한 신랑의 얼굴을 바라보다가 갑자기 눈물이 주르륵 흘렀다. 신랑을 향한 안쓰러움에 마음이 울컥했다. 그때 깨달았다. 나만 혼자 힘든 시간이 아니었음을. 늘 내 곁에는 신랑과 소중한 가족이 함께였음을. 자그마한 손으로 나의 손을 꼬옥 잡아주는 예쁜 아이를 바라보면서 또 한 번 깨달았다. 내가 이 사랑스러운 아이를 통해 아팠던 마음이 보듬어지고 치유되고 있었음을. 엄마라고 부르며 꼭 안아주는 조그만 품속에서 외로움을 떨치고 또 다른 행복을 찾아가고 있었음을.

노트북을 켜고 글을 쓰고 싶은 갈증이 일어났다. 나의 어린 시절 추억과 힘듦 속에서 아이와 함께 나눈 소소한 행복의 순간들을 글로 담아내고 싶어졌다. 아들에게 엄마는 너를 통해 잘 살아왔고 행복하고 감사했음을 표현해 주고 싶다. 또 방황하던 어린 시절의 나와 잘 살아내 온 지금의 나에게도 따스한 글로 선물해 주고 싶다. 나에게 글쓰기는 긴 생명 끈이자 또 다른 꿈이다.

별글 모임에서 리더 진수민 작가님을 중심으로 반짝반짝 빛나는 작가님들과 소중한 인연을 맺었습니다. 글 동반자가 되어 서로 칭찬하고 응원하며, 용기를 내어 이 공저를 마무리할 수 있었습니다. 함께 글을 쓴 작가님들과 이 글을 읽어주시는 모든 분께 온 마음을 담아 감사의 마음을 전합니다. 마지막으로 든든한 버팀목 내 가족들, 내 인생의 영원한 짝꿍 신랑, 축복받은 선물 아들에게 사랑과 고마움을 표합니다. 우리는 인연입니다! 고맙습니다! 사랑합니다!

별들이 피우는 무지개

> 배움은 단지 배움으로 끝나지 않는다.
> 때론 소중한 인연을 만날 수 있는 예측하지 못한 선물을 안겨 준다.

멈추지 않는 성장의
길 위에서

◆ 다솜(정현정) ◆

멘사창의센터 원장, 유초등 사고력수학 전문가, 학습코칭 전문가, 한국코치협회 KAC
인증 코치

- 이메일 : chj7027@hanmail.net
- 인스타그램 : https://www.instagram.com/yorisu_and_coaching
- 블로그 : https://m.blog.naver.com/catlin70

나를 꿈꾸는 시간

● 변화가 필요해

3년 전 문득, 내 삶을 이렇게 흘러가게 두면 안 되겠구나, 무언가 변화가 필요하다고 느꼈다.

'어떤 변화가 필요할까?' 고민하다가 나만을 위한 시간을 확보하고 싶다는 생각이 떠올랐다.

'언제 나만을 위한 시간을 갖지?'

'늦은 밤? 이른 아침?'

올빼미형 딸이 공부하다가 늦게 잠들기 때문에 늦은 밤보다는 가족 모두가 잠들어 아무한테도 방해받지 않는 이른 아침이 좋겠다고 생각했다. 그런 마음이 들자 평소 눈여겨보던 소모임 "나꿈시"가 눈에 들어왔다. 나꿈시는 나를 꿈꾸는 시간을 줄인 말로 새벽 5~6시 사이에 일어나서 단톡방에 기상 시간을 인증하고, 새벽 시간에 무엇을 했는지 간단히 공유하는 소모임이다.

'과연 새벽 기상을 할 수 있을까?'

3개월 동안 마음에 품고 있다가 한번 해보자 마음먹고 나꿈시에 문을 두드렸다.

◉ 새벽을 채우다

이 소중한 새벽을 무엇으로 채울까 생각하다 떠오른 두 가지는 독서와 운동이었다. 코로나가 유행하기 전 2년 동안 깜깜한 새벽 6시에 헬스장으로 향해서 7시 20분까지 운동하고 바삐 출근하던 때가 있었다. 그러다 코로나로 헬스장이 문을 닫으며 어쩔 수 없이 운동도 중단하게 되었다. 바깥 활동을 자제해야 하는 시기라 실내에 머무는 시간이 많으니 체중이 야금야금 올라갔다. 그래서 나꿈시 시간을 이용해 실내 자전거 타기, 유튜브 보며 운동 따라 하기, 스트레칭을 시작했다. 하지만 왠지 운동만 하기에는 아쉬운 마음이 들어 독서와 하루를 계획하고, 블로그 포스팅, 교재 연구 등으로 시간을 채워 나갔다.

◉ 소중한 인연

나꿈시 회원들과 톡방에서 나누는 따뜻한 새벽 인사는 삶의 활력을 불어 넣어 주었다. 우리는 기뻐할 일이 있으면 함께 축하해주고, 힘든 일은 함께 위로해주며 더욱 돈독한 사이가 되었다.

창원, 서울, 안양, 수원, 대전, 부산, 울산 등 전국에 계신 멤버들과 아침을 맞이하니 계절의 변화도 민감하게 느낄 수 있었다. 남쪽에 계신 분들께 듣는 이른 봄소식으로 마음이 설레고, 중부지방에 내린 눈 소식은 눈을 보기 힘든 지역에 계신 분들에게 부러움의 대상이 되었다.

이번 여름 대전에 일정이 있어서 내려갔다가 대전 나꿈시 멤버를 만나 소중한 추억을 만들고 돌아왔다. 온라인에서 소통하던 분을 오프라인에서 직접 만난다는 건 색다른 매력이 있었다. 아직 직접 얼굴 못 뵌 멤버들이 많지만, 기회가 될 때마다 한 분, 한 분 만나려고 한다.

◉ 나를 들여다보다

벌써 나꿈시와 함께 3년이 흘렀다. 오롯이 나에게 집중할 수 있는 시간 덕분에 많은 책을 읽으며, 책 속에서 만난 멋진 분들의 지혜를 얻을 수 있었다. 푹 자고 일어나 맑은 정신으로 글쓰기도 잘할 수 있었고, 중요한 강의안도 완성할 수 있었다.

남들에게 방해받지 않는 고요한 시간 속에서 내 안의 나를 들여다보며 생각하게 되자 미래를 꿈꾸게 되었다. 나를 성장시키고 꿈꾸게 하는 이 시간이 정말 좋다.

◉ 나를 위해 꿈꾸는 시간을 만드세요

여러분은 24시간 중 나를 위해 꿈꾸는 시간이 있나요?

없다면 우선 매일 30분이라도 나만을 위한 시간을 꼭 확보하길 바랍니다. 제일 먼저 독서를 추천합니다. 독서를 잘하고 계신 분이라면 내가 좋아하는 일을 하는 시간으로 채워가길 바랍니다. 엄마, 아내, 며느리, 딸, 선생님 등 많은 역할로 살아가느라 정작 나 자신은 돌아볼 겨를이 없었습니다. 그래서 나를 찾고 나를 꿈꾸는 시간 꼭 필요합니다. 먼 훗날 정말 잘한 일이라고 생각하게 될 것입니다.

나를 꿈꾸는 시간 잊지 마세요.

멈추지 않는 성장의 길 위에서

못된 엄마의 고백

◎ 홈스쿨의 어려움

첫째가 7살, 둘째가 6살이 되던 해!

'~의 엄마, ~아내'라는 이름으로만 살았던 내 인생에 큰 변화가 찾아왔다.

"홈스쿨 오픈"

직업을 가져보고 싶었지만 아직 유치원생인 두 아이가 있기에, 아침에 출근하고 저녁에 퇴근하는 직장인은 도저히 불가능하다고 판단되었다. 그러다가 집에서 아이들을 돌보며 일하면 되겠다고 생각되어 빠르게 결정을 내렸다. 그 당시 새 아파트로 이사한 지 얼마 되지 않았고, 게다가 집이 1층이라는 홈스쿨 하기에 최상의 좋은 조건을 갖추었기에 망설임 없이 시작하게 되었다. 사실 지금 생각해 보면 아무 준비도 없이 무모하게 뛰어든 나의 용기가 참 가상하다.

프랜차이즈 형태였기 때문에 프로그램과 교사 교육을 본사에서 다

제공해 주었다. 당시 유명한 도서를 대여하던 계열사의 회원들을 기반으로 신입생 모집이 수월할 것이라는 조건도 맘에 들었다. 그렇게 본사에서 일주일간 교육을 듣고 야심 찬 나의 홈스쿨은 시작되었다.

● 천당과 지옥

교육을 함께 한 동기분들과 매일 통화하고 서로의 상황에 관해 이야기 나누면서, 의지하고 격려하며 신규 학생 모집을 시작했다. 누구는 벌써 회원이 몇 명이 됐다더라, 누구는 정식 오픈 전부터 엄마들의 문의가 쇄도한다더라 등등 부러운 소식들도 계속 업데이트되었다. 홍보, 영업이라곤 한 번도 경험이 없던 내게 신규 회원 모집은 정말 하늘의 별 따기만큼 어려운 일이었다. 아이들을 잘 가르치기만 하면 될 줄 알았던 나의 무모함을 확인하는 순간이었다. 무료 체험 교실, 아파트 단지 장 서는 날에 홍보, 아파트 게시판 전단 부착 홍보 등 혼자 또는 같은 지역 선생님들과 품앗이하며 홍보에 박차를 가했다.

첫 수업이 이뤄지기까지 3개월 동안 매일 천당과 지옥을 왔다 갔다 했었다. 교육 동기 중 한 명은 벌써 회원이 30명이나 되어 눈, 코 뜰 새 없는 바쁜 하루를 보낸다는 소식, 2년 선배인 근처 선생님은 회원이 90명이라 집에서 저녁을 차려 먹을 시간이 없어서 매일 저녁을 시켜 먹거나 외식한다는 소식은 많은 선생님들의 부러움의 대상이 되었다. 신규 회원 모집이 맘처럼 되지 않자 불안한 마음을 다스리려고 언제든 바로 수업을 시작할 수 있게 교육 내용을 복습하면서, 본사에서 준 교안을 참고해 나만의 교안을 만들었다.

오픈 3개월쯤 지날 무렵 감사하게도 같은 아파트 주민분들이 한두 명 수업을 신청하셨고, 첫째와 둘째 친구 엄마들도 관심을 보여주셔서 팀이 결성되면서 수업을 시작하게 되었다. 그러던 어느 날, 둘째 아이는 엄마가 선생님이고 수업하는 곳이 자신의 집인 지라 텃세를 부리기 시작했다. 엄마가 친구에게 엄청 친절하게 대하자 시기와 질투를 하기도 했다. 원활한 수업이 진행되지 못하게 하는 난감한 상황도 경험시켜 주었다. 수업 땐 엄마라고 부르면 안 되고 선생님이라고 불러야 한다고 알려줬지만, 6살이던 둘째에게는 힘든 일이었다는 걸 한참 시간이 흐른 후 알게 되었다. 아이를 돌보며 일을 같이 할 수 있다는 일거양득의 꿈은 그렇게 날아가면서, 수업할 땐 친정엄마의 도움을 받아 아이들을 맡겨야 하는 현실과 마주하게 되었다.

● 홈스쿨에서 학원으로

홈스쿨을 운영한 지 3년이 되면서, 어느덧 초등학생이 된 두 아이는 태권도, 피아노를 스스로 챙겨 다닐 만큼 성장했다. 나는 선생님이라는 타이틀 때문에 화장 안 한 얼굴로 동네를 돌아다니기 싫었다. 엄마들과 알몸으로 마주칠까 봐 동네 사우나를 가는 건 상상할 수 없어서, 차를 타고 옆 동네 사우나를 이용하는 불편함을 감수했다. 그런 불편함을 느끼던 차에 지인 선생님의 권유로 홈스쿨을 정리하고 그분의 학원으로 출근하게 되었다. 집에서 버스로 두 정거장 떨어진 곳이라 출퇴근도 쉬웠고, 아이들도 하교 후 내가 있는 학원에 와서 수업에 참여하고 같이 집에 갈 수 있었다.

집에 가는 길에 맛있는 간식을 손에 들고 종알종알 떠들며 가던 기억이 문득 떠오른다. 그땐 아이들도 즐거워했던 것 같은데 엄마 생각이 맞을까? 몇 년 전 나처럼 홈스쿨을 운영하다 교습소를 개소하신 지인분의 이야기가 떠오른다. 진즉 교습소를 알아보고 집에서 나올 걸 너무 후회스럽다는 얘기를 들었다. 중학생 자녀를 둔 지인분은 혹여 수업 공간을 외부로 옮기면 자녀들 보살핌에 소홀할까 봐 계속 홈스쿨을 고수하셨는데, 자녀들에게 교습소를 알아보고 있다고 얘기하니 너무 좋아해서 그제야 아뿔싸 하셨단다.

◉ 미안한 마음

지금 생각해 보니 우리 아이들에게 엄마가 집에서 일하는 거 어떠냐고 한 번도 물어본 적이 없었다. 그냥 내 생각만 가지고 집에서 일을 시작했었다.

'학교 끝나고 친구 데리고 집에 와서 놀고 싶었지?'

'하교 후 엄마랑 놀이터에 나가 실컷 놀고 싶었을까?'

'자신의 장난감이나 물건을 수업하는 아이가 함부로 만져서 기분 나

빴을 텐데!'

그런 부분에 관해 물어보거나 미안하다고 얘기해 본 적이 없다. 그뿐만 아니라 첫째가 초등 6학년 때에는 유명한 학군지의 손꼽히는 중학교에 배정을 받기 위해 직장을 옮기면서 학기 중에 이사하고 전학을 감행한 일도 있다. 공부 잘하는 아이들이 있는 환경에 있어야 너희들도 공부를 잘할 수 있다며, 아이들의 의견은 전혀 고려하지 않은 내 생각대로 추진한 두 번째 무모한 결정이었다.

익숙한 학교, 친한 친구들과 헤어지고 낯선 동네, 낯선 학교, 낯선 친구들과 적응하느라 얼마나 힘들었을까? 그런데도 아무런 불평도 없이 내 곁을 든든히 지켜주며 이제는 엄마가 즐겁게 일하는 모습이 자랑스럽다고 얘기해 주는 딸과 아들로 성장했으니 기특하고 대견하게 느껴졌다.

"너희들을 위한 거라는 잘못된 신념으로 무장하고, 너희들의 생각은 한 번도 묻지 않은 채 엄마 맘대로 행동했던 못된 엄마를 이해해 주고 도와줘서 정말 고마워! 그래서 엄마는 많이 늦었지만, 이제부터는 너희들의 생각을 먼저 물어보려고 해. 어떤 결정을 해야 할 때, 새로운 일에 도전할 때, 최대한 너희의 생각을 묻고 너희의 입장도 고려한 후 행동하도록 할게.

이기적이었던 못된 엄마의 뒤늦은 고백 받아주겠니?"

인연으로 튀어 오른
배움의 탱탱볼

◉ 배우는 자

배움에 대한 목마름은 언제부터였을까? 시간을 되돌려보니 결혼 후 아이들을 키우며 육아에만 전념하다가, 본격적으로 다시 일을 시작하면서부터였던 것 같다.

"아는 자가 되지 말고 항상 배우는 자가 되어라."

삶은 새로운 것을 받아들일 때만 발전한다.

결코, 아는 자가 되지 말고, 언제까지나 배우는 자가 되어라.

마음의 문을 닫지 말고 항상 열어 두어라.

— 라즈니쉬

이 문구가 어느샌가 마음속에 조용히 자리 잡았다. 새로 시작한 일에 대해 더 전문적인 지식을 갖춰야 한다는 생각에 틈틈이 배움을 하

멈추지 않는 성장의 길 위에서

나, 둘씩 늘려갔다. 아이들을 잘 가르쳐야 한다는 생각으로 수업에 도움 될만한 교육이나 강의를 들으면서 매달 배움을 이어갔다. 1인 사업가로서 홍보, 마케팅을 위한 글쓰기 강의도 신청했다. 유명한 강사의 강의라 기대하며 그날을 손꼽아 기다렸는데, 한 달 뒤 예상치 못한 일이 생겼다. 코로나 대유행이 시작된 것이다. 당시 많은 사람이 모인 장소에 가면 안 된다는 지침이 흘러나오던 시기라 강의에 참여해도 될지 고민이 많았다. 고민 끝에 이런 대규모 오프라인 교육이 언제 또 가능할지 몰라 참석하기로 했다. 교육장에 도착했을 때, 약 80여 명의 사람이 모여 있었다. 혹시나 하는 마음에 두려웠지만 절대 마스크를 벗지 않고, 물 한 모금도 마시지 않은 채 교육을 들었다. 무사히 집으로 돌아오는 길에도 조마조마한 마음에 심장이 두근거렸다.

◉ 프로 배움러

어느 날 다른 분들의 블로그를 보니 멋진 섬네일이 눈에 들어오는 것이 아닌가? 코로나가 한창인 시기라 원격 강의용 프로그램인 줌(Zoom)을 통해 매력적인 섬네일을 만들 수 있는 강의를 들었다. 코로나가 심해져서 한 달간 교육원 운영을 멈춰야 했을 때에도 줌 활용법 강의를 들어둔 덕분에 온라인으로 수업을 이어갈 수 있었다. 줌 회의를 예약하고, 주소 링크를 보내고, 판서를 위해 아이캔 노트를 사용했다. 전자 기기 활용에 능숙한 편이 아닌 나는 정말 여러 번 연습에 연습을 거쳐 수업과 회의에 지장이 없도록 준비했다.

그 후로도 온라인 교재 연구 스터디, 오프라인 교재 연구 스터디, 유튜브 활용법, 4종류의 보드게임 지도사 과정, 캔바 기초 과정, 초등 수학 교과 지도사 과정, 자기 주도학습 지도사 과정, 독서 모임, 블로그 스터디, 글쓰기 스터디, 학습코칭 전문가 과정, 전문 코치 자격증 과정 등등 나의 배움은 계속 끊임없이 이어지고 있다. 솔직히 욕심으론 더욱 다양하게 많이 배우고 싶었으나, 투자할 수 있는 시간이 한정된 관계로 선택과 집중을 하고 있다.

주변에 계신 분들이 내게 물어본다.

"아니 또 뭘 배워?"

"아직도 배우고 싶은 게 있어?"

"잠은 언제 자?"

아주 완벽히 잘하진 못하더라도 예전에 알지 못하던 것을 배울 때의 즐거움을 알기에 나의 배움은 계속될 것 같다.

◉ 배움이 소중한 인연으로

온, 오프를 통해 배우는 과정에서 자신의 분야 일을 사랑하고 소중히 여기는 멋진 분들을 많이 만나게 되었다. 난 단지 배우러 갔을 뿐인데 멋진 분들과 연결되고, 그분들에게서 좋은 에너지와 정보를 얻는다. 이 부분 또한 배움이 즐거울 수밖에 없는 이유 중의 하나이다. 그래서 딸과 아들에게 자주 묻는다.

"요즘 관심 있는 분야는 뭐니?"

멈추지 않는 성장의 길 위에서

"배우고 싶은 거 있어?"

미래의 나를 위한 배움, 시대의 변화에 맞는 배움은 꼭 필요하다. 지금 하는 일에 바로 적용할 수 없는 배움이라도 호기심을 가진 분야라면 배움 자체를 즐기고, 또 배움을 통해 새로운 관계로 발전해 나갈 수 있으니 배움을 계속 이어가라고 얘기해 주고 싶다.

그 대표적인 예가 바로 이 책을 출간하게 된 온라인 글쓰기 모임인 '별글'이다. 글쓰기를 배우면서, 함께 글을 쓴다 생각하고 참여했는데 배움에서 그치지 않고 이렇게 책을 출간하는 특별한 인연으로 발전하게 되었다.

배움은 단지 배움으로 끝나지 않는다. 때론 소중한 인연을 만날 수 있는 예측하지 못한 선물을 안겨 준다.

도전으로 찍은 성장 스냅샷

◉ 용감한 도전

작년 이맘때였다. 지금 생각해도 어디서 그런 용기가 생겼는지 모를 만큼 아주 용감했던 일이 있었다. 아이들의 실력 향상을 위해 수업에 활용하는 Y 교육 프로그램이라는 것이 있다. Y 교육 프로그램 본사 대표님께서 전국에 계신 선생님을 대상으로 오프라인 강의할 대표 강사 지원을 받는다고 공지하셨다. 그 얘기를 듣는 순간, 마치 오래전부터 기다려왔던 사람처럼 가슴이 두근거렸다. 두 달을 고민한 끝에 대표님께 지원하겠다고 연락을 드렸다. 시연 날짜가 정해지니 그제야 실감이 나면서 긴장감이 엄습해 왔다.

'내가 괜히 한다고 했나?'

그 당시 나는 자기계발서를 읽으며 미래를 위해 현재의 삶에 변화를 주고 싶었고, 변화의 시점은 바로 지금이라고 생각하고 도전했다. 대표 강사 선발을 공지한 지 3개월이 흐르자, 수도권과 지방에서 대표

멈추지 않는 성장의 길 위에서

강사들이 선발되었다. 그분들은 어떤 주제로 어떻게 강의할지 궁금해서 서울과 지방을 오가면서 강의와 시연에 참여하여 관찰하고 귀담아들었다.

◉ 고민의 결과물

같은 교육 커리큘럼 내에서 서로 다른 내용으로 강의를 준비해야 했다. 어떤 내용으로 강의 내용을 정할지 많이 고민했다.

'처음 수업을 시작하는 선생님들의 고민은 어떤 걸까?'

'회원 모집?'

'신규 회원 모집에 도움 되는 내용은 어떨까?'

'기존 회원들을 유지, 관리할 수 있는 내용으로 강의를 하면 어떨까?' 등등 강의 초안을 다양한 방면에서 생각하다가 '학부모 설명회'라는 주제로 결정하게 되었다. 초등 입학을 앞둔 7세, 초등 1학년 학부모를 대상으로 초등 1학년과 2학년 수학 교과서를 총정리하며 학기별 꼭 알아야 할 내용을 정리해서 강의하기로 정했다. 바쁜 대표님께 강의에 대한 피드백을 여러 번 받으며 수정한 끝에 드디어 강의안이 완성되었다.

◉ 모방을 통한 깨달음

긴장되는 시연을 1주일 앞둔 어느 날 우연히 법륜스님의 즉문즉답 강의 기사를 접했다. 여러 사람 앞에서 말할 때 떨리는 것을 극복할 방법이 궁금하다는 질문에 법륜스님은 말씀하셨다.

'내 얘기를 듣는 사람들에게 잘 보이려고 하니 떨리는 것이다.'

상대방이 내 얘기를 듣고 잘했다, 못했다고 생각하는 것은 듣는 사람의 몫인데 그 부분까지 내가 관여하니 떨리는 것이라고. 난 그저 최선을 다하면 되고, 듣는 사람의 몫은 그 사람에게 맡기면 된다고. 이말이 너무 마음에 와닿았다. 내 강의를 듣고 도움이 되는 분도 있고, 다 아는 얘기인데 하는 분도 있을 수 있겠지만 그건 그분들의 몫이니 거기까지 신경 쓰지 말고 최선을 다해 내가 준비한 내용을 전달하자 마음먹으니 시연 때도, 실제 강의 때도 떨리지 않았다.

최인아 작가님의 책 속 한 구절도 내겐 큰 힘이 되었다.

'강의실에 입장하는 분들과 한 분, 한 분 인사를 나누며 아이스 브레이킹을 한 결과 인사를 나눈 분들이 강의 때 따뜻한 시선을 보내주고, 집중해 주어서 강의를 편안하게 할 수 있었다.'

나도 그렇게 따라 해봤다. 대구에서 KTX를 타고 오신 선생님, 서울, 일산, 수원, 오산, 청주, 전주 등 전국 각지에서 오신 선생님들이 강의실에 입장할 때 한 분, 한 분 눈을 맞추며 인사해 드렸다. 그리고 강의 때 그분들을 바라보니 정말 따뜻한 시선으로 나를 바라보는 신기한 경험을 했다. 법륜 스님과 최인아 작가님의 말씀이 정말 사실이었다.

◎ 떨리는 마음

7월 초 두근두근 설레는 마음을 안고 대표님과 여러 선생님을 모시고 4시간 동안 시연을 진행했다. 학부모 설명회를 효과적으로 진행하기 위해 전자칠판의 필요성을 느껴 시연 1주일 전 가까스로 주문, 설치하여 활용법을 익히느라 2배로 힘들었던 기억이 난다. 대표 강사 도전과 데뷔를 축하한다고 대표님께서 커다란 꽃다발을 준비해 오셨다. 함께 자리해 주신 선생님들도 꽃다발, 케이크를 준비해 주어 떨리는 시연이 끝난 후, 꽃으로 둘러싸인 화려하고 잊지 못할 기념사진을 남길 수 있었다.

◉ 촬영은 계속된다

어느새 1년의 세월이 흘렀다. 다시 강의를 준비하고 있다. 올해 초등학교 1~2학년 수학 교과서가 개정되어 새 교과서로 바뀌는 바람에 강의 교안을 전면 수정해야 한다. 마음 한구석에선 그때의 긴장감이 또 스멀스멀 올라오지만, 따스한 시선을 보내주던 분들을 떠올리며 다시 용기를 내본다.

강의 덕분에 학부모 설명회를 편하게 할 수 있었다는 선생님, 어떻게 학부모 설명회를 진행할지 몰라서 막막했는데 많이 도움 되었다며 고마운 후기를 남겨주셨다. 몇백 장의 사진을 편집하고 강의안을 만드느라 많은 시간을 투자해야 했지만 이 과정을 통해 가장 많이 배우고 성장하는 것 또한 '나'라는 것을 알기에 차근차근 준비하고 있다.

이렇게 올해가 가기 전 또 한 장의 성장 스냅샷을 남겨보고 싶다.

멈추지 않는 성장의 길 위에서

◉ 티칭이 아닌 코칭

교육자로 살아오면서 익숙하고 편안한 방법에 안주하지 않고 새로운 변화에 빠르게 대처하기 위해 늘 노력해왔다. 오랫동안 잘 가르치는 선생님이 되고자 티칭에 집중했다.

하지만 코칭을 알게 되면서 잘 가르치는 선생님이 되어야 한다는 고정관념에서 벗어나 '진짜 공부' 하는 아이들, '스스로 공부' 하는 아이들이 되도록 도움을 주는 것이 선생님의 역할이라고 생각이 바뀌었다. 그래서 학습 코칭의 세계로 발을 들여놓게 되었다.

◉ 전문 코치가 되다

학습 코칭 과정을 배우고 나니 선생님이 어떻게 질문해야 학생들의 마음속 생각을 끌어낼 수 있는지 '질문을 잘하는 방법'이 궁금해졌다. 선생님의 생각을 아이들에게 일방적으로 전달하지 않고, 질문을 통해 아이들이 스스로 해결책을 찾아가도록 도움을 주는 코치의 역할이 매력적으로 다가왔다. 그래서 전문 코치가 되기 위해 코치 자격증 과정에 도전했다. 교육 기간 중 많은 분과 코칭 대화법으로 실습했는데 어떤 문제의 상황에서 해결할 힘은 나의 내부에 있으며, 코치의 질문을 통해 내면의 생각을 끄집어낼 수 있는 신기한 경험을 했다.

돌이켜 생각해 보면 티칭에서 코칭으로 나의 교육에 대한 관점의 변화는 하루아침에 생긴 것이 아니라 스며들 듯 오래전부터 진행되고 있었다. 10년 전 자기 주도학습 지도사 과정을 공부하면서 학생이 공부의 주도권을 가지고 있을 때 성적 향상이 더 극대화되는 것을 알게 되었다. 어떻게 공부의 주도권을 학생이 가질 수 있을까? 그 해답에 항상 목말라하고 있었다.

두 번째로 효과적인 질문 방법에 대해서도 관심이 많았다. 열린 질문을 통해 상대방이 생각하고 말할 수 있도록 해야 하지만 수업 진도에 쫓겨 열린 질문을 하지 않고 닫힌 질문을 주로 사용하고 있는 나 자신을 발견하게 되었다. 그래서 전문 코치 자격증 과정에 참여하여 올바른 질문법을 배우며 많이 반성했다.

● **다름을 인정하기**

얼마 전 학습 코치를 위한 특강으로 '기질'에 관한 강의를 들었다. 기질이란 태어날 때부터 유전학적으로 이미 주어진 생물학적 특성을 말

한다.

"~는 지금 상황에 왜 저런 행동을 할까?"

"~는 상황을 알고 저런 말을 할까?"

"~를 난 도저히 이해 못 하겠어."

아마 이런 경험 많을 것이다. 사람마다 다른 기질을 가지고 있는데 내가 가진 기질 관점으로 다른 기질의 상대를 바라보니 다름을 이해할 수 없었다. 선생님으로서 학생을 대할 때, 부모로서 자녀를 대할 때, 기질에 대해 이해하고 소통한다면 훨씬 좋은 관계를 유지할 수 있다고 생각한다.

● 성장의 진화는 ing

인간의 근본적인 욕구, 마음 상태에 관해 관심을 두게 되자 하나, 둘 배우고 싶고, 알고 싶은 것들이 생겨났다. 사람을 대할 때 가장 기본이 되어야 할 부분을 알아차리고, 배워가면서 좀 더 일찍 알았더라면 하는 아쉬움을 느꼈다. 하지만 지금이라도 알게 되어 감사하다.

서로 다름을 보듬을 수 있는, 시련을 마주할 때 내 안에서 해답을 찾을 수 있는, 편견 없는 시선으로 사람들을 바라볼 수 있는 그런 나로 매일 성장하고 싶다. 멈추지 않는 성장의 길 위에서 오늘도 한 걸음 앞으로 내디딘다.

글을 쓴다는 건

추억 소환, 반성, 애틋함, 눈물, 기쁨, 행복, 사랑, 미래, 가족, 나, 만남, 설렘...

무엇일까요? 글쓰기를 하며 느꼈던 감정과 생각입니다. 글을 쓴다는 것은 많은 감정과 생각을 복합적으로 경험할 수 있게 해주는 매력이 있습니다. 30년 전으로 타임머신을 타고 돌아갈 수도 있고, 10년 후로 훨훨 날아갈 수도 있습니다. 그런 경험들을 통해 엄마, 선생님, 아내, 며느리, 딸로 살고 있던 내 모습을 들여다보고, 나를 더 사랑하는 계기가 되었습니다.

그땐 그랬지, 지금이라면 어떻게 했을까? 후회되고, 안타까운 상황도 많았지만 모두 오늘의 나로 살아갈 수 있는 밑거름이 되었습니다. 그냥 공짜로 얻어지는 것은 없나 봅니다. 아픔과 슬픔도, 기쁨과 행복도 모두 느

껴봐야 조미료처럼 내 인생에 골고루 톡톡 뿌려지며 깊은 맛을 낼 수 있
으니까요.

나처럼 평범한 사람도 글을 쓸 수 있을까? 처음에 이런 의문을 가지고
글쓰기 모임을 시작했습니다. 글솜씨가 뛰어난 것도 아니고, 화려하고 성
공적인 멋진 삶을 살지도 않았습니다. 있는 그대로를 쓰자, 느낀 걸 쓰자,
이렇게 생각하니 신기하게도 글이 써졌고, 글을 쓴 후 마음이 후련하고
평온해졌습니다.

좋은 분들과 함께 글을 쓰고, 낭독하고, 느낌을 공유하면서 내 안의 또 다
른 나를 발견하는 행복한 시간이었습니다. 글을 쓴다는 건 깊은 곳에 감
춰진 나를 수면 위로 끌어올리는 소중한 경험이었습니다.

멈추지 않는 성장의 길 위에서

“

누군가의 딸이자 누군가의 엄마인 사람
글을 통해 ‘나’로 홀로서기 하는 중입니다.

”

하얀 도화지 위
사칙 연산

◆ 자라다(하지영) ◆

한국버츄프로젝트 버츄FT 및 하브루타 강사, 회복적 경찰활동 대화모임 진행자, 한
국코치협회 KAC인증 코치, 브런치 작가

- 이메일 : loveskyhjy@naver.com
- 블로그 : https://blog.naver.com/loveskyhjy
- 브런치 : https://brunch.co.kr/@theseaofme

Am 03:08

◉ 3막 1장

"아이고, 며느리야. 괜찮나?"

"네, 어머님. 저 하나도 안 아파요! 무통 주사 맞고 있어서 하나도 안 아파요. 걱정하지 마세요."

"그래. 기특하다. 아무쪼록 건강하게만 낳아라."

자정이 가까워지는 시각에 걸려 온 시어머니의 전화였다. 첫째 아이 출산을 앞두고 몰려오는 긴장감을 억누르기 위해 더 씩씩하게 행동했다. 엄마가 된다는 것, 작디작은 한 생명의 보호자가 된다는 책임의 무게를 견디는 시작이었다. 그저 건강하게 낳고 싶다는 바람뿐이었다. 하얀 벽으로 둘러싸인 분만실, 침대에 누우면 정면으로 보이는 벽에 걸린 동그란 시계, 그 시계의 바늘이 머무르다 지나쳤을 숫자들, 문이 아닌 남색 커튼이 달려있던 화장실, 아직도 그 공간의 모습이 눈앞에 그려질 듯 선하다. 분만실의 밝은 조명 탓에 창밖의 어둠은 더욱 짙게

만 보였다. 시간이 빨리 지나갔으면 좋겠다는 소망으로 손에 꼭 쥔 무통 주사 버튼을 눌렀다.

🔘 am 03:08

출산이 임박해오자 간호사들이 분주해졌다. 시종일관 변함없는 표정으로 곁을 지키던 남편에게 간호사가 말했다.

"보호자님, 잠시 밖에서 기다리시다가 탯줄 자를 때 들어오세요."

그 말과 함께 남편은 분만실 밖으로 나갔다. 출산 과정을 끝까지 함께 할 줄 알았는데 제일 중요한 시점부터 남편 없이 혼자서 감당해야 한다니 왈칵 두려움이 밀려왔다. 심장이 더 빠르게 뛰는 것 같았다. 두려움을 떨치려 라마즈 호흡법을 계속 떠올렸다.

"네, 산모님 잘하고 있어요. 호흡하시면서 후하 후하, 자, 이제 힘주세요!"

"ㅇㅇㅇㅇㅇㅇ악"

"소리 지르지 마시고요, 힘들겠지만 다시 한번 호흡하시고 후하 후하, 히임!"

"읍"

"우에에에에엥"

"2013년 1월 19일 영 삼시 영 팔 분 하지영 산모님, 건강한 여아 출산하셨습니다. 손가락, 발가락 열 개 모두 확인했고요, 호흡 잘 되고

하얀 도화지 위 사칙 연산

있습니다. 아버님, 들어오셔서 탯줄 잘라주세요."

출산 과정 내내 평소와 다름 없던 남편의 표정이 그때는 조금 달랐다. 아빠가 되었다는 사실을 실감하는 표정이었다.

● 오늘부터 1일

"어머님, 축하드려요."

작디작은 한 생명이 내 품에 안겼다. 어머님이라! 처음으로 타인에게 어머님이라는 호칭으로 불렸다. 내가 이 아이의 엄마라니. 그 순간만큼은 무엇도 두렵지 않고 그저 감격스러웠다. 나는 아이를 가만히 바라보다 어색한 첫인사를 건넸다.

"아, 안녕! 잘 지내보자!"

수술보에 싸여 내 품에 안긴 아이는 양수에 불어서인지 쭈글쭈글해진 얼굴을 내밀고 온 힘을 다해 울고 있었다. 그 모습조차도 사랑스럽고 귀엽기만 했다. 뜨거운 눈물이 흘렀다. 그러나 감동을 조금 더 느낄 겨를도 없이 아이는 간호사에게 안겨 신생아실로 갔다. 아이가 떠나고 나자 문득 분만대에 민망한 자세로 누워있는 내가 보였다. 모두 바쁘게 움직이는 와중에 혼자서 일시 정지한 모습으로 있는 게 부끄러워 도망치고 싶었다. 두 눈을 질끈 감았다 떴다. 낯설었던 분만실이 조금은 익숙해진 기분이 들었다. 이 장면을 평생 잊지 못할 것 같다고 생각하는 순간, 귓가에 '어머님'이라고 부르던 간호사의 목소리가 들리는 듯했다. 그리고 나는 비장하게 다짐했다.

'난 잘할 수 있을 거야. 난 잘 해내야만 해.'

그렇게 내 삶에서 나 자신보다 더 우선이 된 존재와 함께하게 되었다.

◉ 3막 2장

알콩달콩, 아슬아슬, 첫 육아는 달콤하고도 쌉쌀했다. 어른 둘에 아이 하나 더 늘었을 뿐인데 아이의 존재감은 막강했다. 태양계의 중심이 태양이고, 지구가 태양을 중심으로 회전하는 것처럼, 나의 삶은 아이가 중심이 되어가고 있었다. 그렇게 낯설기만 했던 엄마로의 삶이 점점 익숙해져 가고 있었다.

시간은 흘러 흘러 2014년 10월 20일 월요일 아침 5시. 아랫배가 싸르르 한 느낌에 잠에서 깼다. 21개월 만에 다시 느끼는 아는 느낌, 진통이었다. 아직 두 돌이 안 된 첫째와 남편은 세상모르고 잠들어 있었다. '이제 이 익숙함도 낯설어지겠지.' 생각하니 막막하기도 했다. 시간을 되돌리고 싶은 마음이 들었지만 이미 진통은 시작되었다. 내 앞에 닥친 일을 해내는 수밖에 없었다. 두려움을 삼키고 마치 마지막 만찬이라도 즐기듯, 조용히 샤워하고 머리를 감았다. 당분간 제대로 씻지 못할 것 같아서 평소보다 더 꼼꼼하게 씻었다. 미리 준비했던 다섯 가지 출산 시나리오 중 하나를 꺼내 차근차근 준비했다. 출산 가방을 꺼내어 놓고 첫째가 간단히 먹을 수 있는 아침 도시락을 준비했다. 한 번

하얀 도화지 위 사직 연산

해봤다고 차분하게 준비하고 있는 내 모습이 기특했다. 전쟁터에 나가기 전의 마음이 이런 걸까? 비장한 동시에 두려움이 밀려왔다. 한창 깊이 잠들어 있는 첫째 아이를 조심스레 깨워 옷을 입히고 미리 준비한 도시락과 출산 가방을 들고 세 사람이 집을 나섰다. 비 오는 월요일 아침 출근길에 나선 자동차들을 하염없이 바라보았다. 다른 사람들에게는 그저 그런 '오늘'이 나에게는 '특별한' 순간이 되는 날이라는 생각을 했다. 자라면서 꿈꿔왔던 자매의 로망. 드디어 그 로망이 실현되는 날이었다.

아침 11시 38분 둘째가 태어났다. 머리맡에 서서 출산 과정을 함께했던 남편이 말없이 내 머리를 쓰다듬어 주었다. 그 따스함이 든든하게 느껴졌다. 간호사 선생님이 아이를 남편에게 안겨주며, 다 함께 "생일 축하합니다" 노래를 부르자고 했다. 평소 감정을 드러내는 일 없이 무뚝뚝하던 남편은 둘째를 안고 노래를 부르며 울먹였다.

"소중한 아이야, 세상에 태어난 걸 축하해!"

좋아, 가는 거야!

◉ 걱정 인형

둘째가 두 돌이 지날 무렵, 어린이집 보낼 시기를 고민하다가 맞추어 보았다. 첫째를 보낼 때는 시기, 장소, 정서, 사람, 음식 등 고민할 것이 많아 예민했었는데 둘째는 언니가 다니는 곳으로 보내면 되니 한결 편안하게 느껴졌다. 첫째도 어렸을 때라, 첫째에게 둘째를 살펴봐 달라고 할 수 있는 상황이 아니었음에도 그저 함께 간다는 것만으로도 든든했다. 24시간 아이와 함께 지내는 삶을 산지 만 4년. 다시 혼자 시간을 보내게 된다니, 잃어버린 태양을 되찾은 기분이었다. 아이들을 돌보느라 뒷전이 되었던 집안일을 여유롭게 하고, 느긋하게 식사 준비도 하고, 가끔은 친구들을 만나 맛있는 식사를 하거나, 문화센터를 등록해서 배우고 싶었던 것을 배우는 등 재충전의 시간을 보내는 모습을 떠올리면 가슴이 설레고 입꼬리가 올라갔다. 상상만으로도 이미 그 시간을 다 누린 것 같았다.

가슴 벅찬 설렘을 만끽하던 어느 날, 걱정 인형이 찾아왔다. 걱정 인형은 가만히 내 귓가에 속삭였다. '여유를 부리는 시간에는 곧잘 돈이 필요할 텐데 남편이 혼자 벌어서 사는 뻔한 살림에 편안하게 그 여유를 누릴 수 있겠어?' 쿵! 심장이 내려앉고 귀까지 올라갔던 입꼬리가 서서히 힘을 잃기 시작했다. 집안 살림을 도맡아 하는 사람으로서 계산기를 두들겨 보니 그럴 자신이 없었다. 통장에 들고 나가는 숫자에 여유가 없으면 조바심이 나다 못해 불안해지는 성격이 문제였다. 쉬는 것도 하루, 이틀이지 얼마 지나지 않아 불안에 떨고 있는 모습이 훤하게 그려졌다. 길어야 한 달. 여유 부리는 것에 즐거움을 느끼는 기간은 고작 그 정도일 것 같았다. 그 뒤에 여유는 무료함이 되고, 무료함은 불안이 될 것이 뻔했다. 어느새 근심 가득한 얼굴이 되어 있었다.

● 돌파구

문득 '취업'이라는 단어가 떠올랐다. 떠올리는 순간 당장 너무 일하고 싶어졌지만. 정규직으로 취업하기는 무리였다. 친정도 시댁도 멀리 있는 데다 남편까지 항상 늦게 퇴근하는 터라 주변의 도움을 기대할 수 없는 상황이었다. 5살, 4살, 한창 엄마 손이 가야 할 어린아이들을 두고 풀 타임 근무는 꿈도 꿀 수 없었다. 갑자기 아이들이 아프기라도 하면 어떡하지? 괜히 주변에 걱정만 끼치는 건 아닌지 고민이 되었다. 그러나 '미리 걱정하기보다 지금 내가 할 수 있는 일을 찾아보자'라는 마음으로 시간제 아르바이트 자리를 뒤져보기 시작했다. 또래 아이를 키우던 친구가 "형편이 많이 안 좋아?"라고 물었다. 친구의 눈에는 갑자기 일자리를 찾는 모습이 염려스러웠던 모양이다. 당장 형편이 그렇게 나쁜 것은 아니었다. 돌이켜보니 그때의 감정은 매우 복잡했다. 처음에는 단지 시간을 쪼개 가정 경제에 도움이 되자는 가벼운 마음이 있는데 '취업'이라는 것에 초점이 맞춰지니 따라오는 생각들이 많았다. 매스컴에 거론되는 '경단녀'가 될 것만 같은 불안함, 배우자가 버는 돈을 함께 쓰는 것에 대해 눈치를 보게 될 듯한 지질함, 그 앞에서 꺾이고 싶지 않은 자존심, 살림과 육아를 하면서 돈까지 벌어온다는 우월감 뒤에 숨은 열등감이 있었다.

무엇보다 집안일을 완벽하게 해내지 못할 것에 대한 핑계를 댈만한 돌파구가 필요했다.

◉ 뜻이 있는 곳에 길이 있다

아이들이 기관에 있는 동안에만 할 수 있는 일을 찾았다. 아르바이트는 특별한 기술이나 경력이 필요 없는 줄 알았는데 오산이었다. 편의점 알바 면접을 위해 점주와 문자로 연락하게 되었는데 첫 질문이 "담배 피우세요?"였다. "아니요." 라고 답했는데 아예 답장이 오질 않았다. 황당한 건 둘째치고 화가 났다. 도대체 흡연 여부가 편의점에서 일하는 데 무슨 상관이란 말인가! 편의점 알바 경험이 있는 친구에게 물어보니, 편의점에서 판매율이 높은 제품 중 하나가 담배이기 때문에 손님이 찾는 담배 이름을 듣고 빨리 찾아야 해서 꼭 필요한 능력이란다. 편의점 경력도 없고 비흡연자인 나는 면접도 보지 못하고 탈락한 셈이다.

누구나 처음은 있는 법인데, 모두 경력직만 원하니 어디서 경력을 쌓아야 한단 말인가! 주눅이 들었다. 경력도 신입도 아닌 어정쩡한 상태로 영영 취직이 안 될 것만 같아서 불안했고 초조했다. 시간이 갈수록 알바를 구하느냐, 못하느냐는 자존심이 걸린 문제가 되었다. 오기로 똘똘 뭉쳐 눈에 불을 켜고 보고 또 봤다.

둘째의 어린이집 입학을 일주일 앞둔 날, 기적처럼 인터넷 쇼핑몰에 취직하게 되었다. 9시 출근, 3시 퇴근. 그야말로 아이를 키우면서 일하기 딱 좋은 시간이었다. 역시 하늘은 스스로 돕는 자를 돕는다더니, 신은 나의 편이었어! 할렐루야! 말할 수 없이 기쁜 마음에 세상을 다 가진 것 같았다. 난생처음 해보는 일이었지만 일은 꽤 적성에 맞고 재미있었다. 회사는 의류 생산과 판매를 겸한 곳이었는데 면 티셔츠를 규격에 맞게 접어서 포장하는 일을 맡았다. 과장된 욕심이지만 '생활의 달인'에 출연하는 것을 목표로 혼자 시간을 재면서 나만의 기록을 세우고 깨기를 반복하며 재미있게 일했다. 우주가 돕는다는 것이 이런 걸까? 일을 시작하기 전의 우려와 달리 아이들은 크게 아프지 않았다. 어쩌다 가끔 아플 때는 주말에 아팠다. 마치 엄마의 걱정을 덜어주기라도 하듯 말이다. 지금 생각해도 아이들에게 참 고맙다. 시작하기 전에 걱정했던 것이 무색할 만큼 1년 남짓, 별 탈 없이 계속 아르바이트

할 수 있었다. 그렇지만 회사가 타지방으로 이사하게 되어 어쩔 수 없이 그만두어야 했다. 내 상황에 딱 맞는 조건의 회사를 그만둬야 한다니, 무척 아쉬웠다. 또 이런 곳을 구할 수 있을까? 막막했을 때, 처음 알바를 구할 때와 같은 과정을 거쳐 재취업할 수 있었다.

그것도 무려 정규직으로!

첫 출근 하던 날, 이름 앞에 '관리부 대리' 라는 직함이 적힌 명함을 받아들었을 때 명함 한 장이 주는 의미를 되새기며 기쁨과 함께 벅찬 감정을 느꼈다.

그러나 기쁨도 잠시, 처음 3개월은 신입으로 돌아간 듯 어리바리한 모습에 실망하고 자신감도 떨어졌다. 인사 노무와 회계 처리 업무는 관련 법의 개정에 따라 계속 변하기 때문에 여기저기 알아보고 대처하느라 일 처리가 늦어져 마음고생을 많이 했다.

실력 없는 모습이 초라하게 느껴졌지만 한편으로는 멀리 뛰기 위해 웅크린 개구리 같기도 했다.

'지금 모습은 과정이지, 결과가 아니다. 모르면 배우면 되고, 배움은 자산이 된다. 언젠가 멀리 뛸 때를 위해 준비하는 과정이다.' 라고 생각하며 마음을 다잡았다.

만약 일할 수 없는 여러 사정과 내가 처한 환경만 고민하다가 미리 포기했었더라면 어땠을까? 미리 포기하지 않았던 덕분에 간절히 노력

하얀 도화지 위 사직 연산

하면 기회가 생긴다는 것을 알았다. 살면서 만나는 위기의 순간, 선택지 앞에 서는 순간마다 이 경험의 기억을 떠올릴 것이다. 잊지 말아야지. '뜻이 있는 곳에 길이 있다.', '두드려라. 그러면 열릴 것이다.'

◉ 잘하지 못해도 괜찮아

어느덧 둘째가 초등학교 4학년이 되었다. 나는 아직 워킹맘이고 앞으로도 워킹맘일 예정이다. 집안일과 육아, 일, 어느 것 하나 완벽하게 해내지는 못했다. 그러나 나름의 최선을 다했다고 자신한다. 그중 하나에만 집중했더라도 완벽할 수는 없었을 것이다. 완벽하겠다는 욕심을 버리고 설렁설렁할 때도 있고, 때로는 치열하게 모든 것을 쏟아부을 때도 있었다. 늘어난 역할의 책임을 등한시하지 않으며, 삶의 고난이 주는 기쁨도 만끽하려 노력했다. 희노애락이 담긴 그 세월과 경험 속에서 아이들도, 나도 많이 자랐다. 안 될 것을 미리부터 걱정했던 내가, 이제는 무엇이든 일단 해보고 문제가 있으면 그때 걱정하고 해결하려는 사람이 되었다.

무엇이든 경험해 보자. 우리에겐 고난을 극복할 힘이 있다. 잘하지 못해도 해내는 사람에게는 성장과 기쁨이 있다. 결국 기쁨을 선택할 나에게 응원하는 마음을 담아 외쳐본다.

"좋아! 가는 거야!"

책임감의 다른 이름

◉ 그녀의 등

'자식은 부모의 등을 보고 자란다.'는 말이 있다. 부모의 행동을 자식이 뒤에서 보고 배운다는 뜻으로 쓰이곤 하는데, 늘 무언가를 하느라 바쁜 부모를 바라보는 자녀의 시선을 담은 말은 아닐까 생각한다. 나는 부모의 등에서 무엇을 보았을까.

여자의 몸으로 홀로 자식들을 키워낸 친정엄마에게는 여장부 같은 강인함이 있었다. 제주도에서 태어난 섬 처녀, 생계를 위해 뭍으로 나온 그녀에겐 태어날 때부터 남다른 '깡'이 있었다고 생각했다. 내가 보아온 엄마의 모습은 늘 그랬으니까. 그러나 막상 아이를 낳아 키워보니, 엄마에게도 엄마로 사는 삶이 낯설었을 때가 있었다는 걸 알았다. 그제야 비로소 '남편이 있어도 이렇게 힘든데, 엄마는 혼자서 그 모진 세월을 어떻게 견디었을까?' 하는 생각이 들었다. 강인해질 수밖에 없

하얀 도화지 위 사적 연산

었던 고단한 삶이 느껴졌다. 그녀의 작은 등에 짊어지고 살아온 가족의 생계, 차마 벗을 수 없었던 책임감이 보였다. 그것은 숭고한 희생이자 투박하고 정직한 사랑의 책임감이었다.

헨리 클라우드는 '책임은 성숙함의 첫걸음이다.' 라고 했다. 그녀의 책임감이야말로 성숙의 첫걸음이며, 그 여정은 성숙의 완성품이었다. 휴일이면 그저 쉬고 싶은 나와 다르게 가족들을 위해 음식을 만드는 것을 기쁨으로 여기며 살아온 그녀. 태어날 때부터 엄마는 아니었는데, 온 삶을 바쳐 엄마로 살아낸 그녀의 책임감에 사랑이라는 이름을 붙여주고 싶다.

🌑 재산보다 자산

'부모로서 자식에게 무엇을 남겨줄 수 있을까?' 부자 부모는 아니어서 넉넉하게 물려줄 재산은 없다. 그러나 아이들이 부모의 좋은 습관, 좋은 생각을 자산으로 물려받아 주춧돌 삼아 세상을 살아갈 수 있다면 얼마나 좋을까. 나는 묵묵히 일하는 친정엄마의 뒷모습을 보고 책임감을 배웠다. 처음에는 그 책임감을 오해했다. 억지로 하는 것, 버텨야 하는 것이라고 착각했다. 고백하자면, 엄마처럼 살고 싶지 않았던 적이 많았다. 아이를 키우며 내가 부모가 되어 그 순간을 맞아보니, 나는 엄마처럼 살고 싶지 않은 것이 아니라 엄마처럼 살 수 없었다. 그 큰 사랑과 숭고한 희생을 흉내조차 낼 수가 없다. 엄마의 반에 반이라도 따라갈 수 있을까? 아직 자신은 없지만 엄마의 무뚝뚝함 속에 녹아 있는 따뜻한 사랑, 성숙한 책임감을 직관할 수 있었던 것은 나에게 귀한 자산이 되었다.

● 바쁜데 심심해

"아무것도 안 하고 싶다. 이미 아무것도 안 하고 있지만, 더 격렬하게 아무것도 안 하고 싶다."

광고에 나와서 유행어가 된 말이다. 2015년에 만들어진 광고 속 이 말을 지금도 종종 쓰곤 한다. 하루 24시간, 잠을 자는 대여섯 시간 말고는 늘 뭔가를 하고 있지만, 아무것도 하고 있지 않은 것 같은 기분이 들 때가 있다. 여유 시간은 없고 바쁜데 심심한 기분. 번아웃의 전조증상이다. 이런 기분의 날들이 오래가면 우울해진다. 업무상 실수가 잦아지고, 실수한 자신을 자책한다. 남편과 아이들에게 짜증을 내는 횟수가 늘고 성숙하지 못한 행동에 실망한다. 그런 나를 마주할 때면 다 그만두고 멀리 달아나 버리고 싶은 충동을 느낀다. 어느 하나 억지로 선택한 것이 없음에도 멀리멀리 달아나는 상상을 수없이 한다. 상상만으로 채워지지 않을 때는 현실 도피가 필요하다. 일이 밀려있어도 잠시 외면하고 기분전환을 위해 탈출을 감행한다. 그렇게 실컷 놀고 나면 다시 현실에서 열심히 살아갈 에너지를 얻는다. 내가 맡은 일에 책임을 다하기 위해서 삶과 놀이의 조화가 꼭 필요한 이유다.

하얀 도화지 위 사칙연산

◉ 즐기는 사람

'당신의 장례식장에 모인 사람들에게 어떤 사람으로 기억되고 싶나요?' 이 질문을 오랫동안 생각했었다. 마지막에 기억될 모습을 위해 오늘을 어떻게 살아야 할지 묻는 것 같았다. 그저 열심히 살기만 하면 되는 줄 알았고, 좋은 모습만 보여줘야 한다고 생각했었다. 그러나 이제는 열심히 사는 것만큼 즐겁게 사는 것이 중요하고, 좋은 모습만 보여주기보다 자연스럽게 드러내는 것이 필요하다는 것을 알았다. 삶의 시련이 주는 선물, 실수의 경험에서 배움을 찾을 수 있는 시선을 갖게 되었다.

가족이나 주변 사람들에게 즐기는 사람으로 기억되고 싶다. 힘들고 어려운 일도 즐기면서 할 수 있는 방법을 찾아내는 사람, 삶의 균형, 주변과 조화를 잘 이루는 사람, 책임감의 무게에 짓눌리지 않고 한계를 넘나드는 사람이 되고 싶다. 그 모든 것을 함축적으로 담고 있는 말이 '즐기는 사람'이다. 내가 아이들에게 보여주고 싶은 부모의 뒷모습 중 하나다. 삶에서 힘든 일을 겪을 때, 힘든 일에서도 무언가 좋은 것을 찾아내고야 마는 엄마의 모습을 기억해줬으면 좋겠다.

길을 헤매듯 글 속에서 헤매었다

◉ 발자국

"여보세요?"

"지금 어디야?"

"응. 동네 한 바퀴 도는 중이야."

"시간 늦었는데 빨리 들어와라."

"알았어."

잠시 나간다던 딸이 시간이 지나도 들어오지 않자 걸려 온 엄마의
전화였다. 선선한 바람이 불기 시작하고 어둑해진 밤하늘에 새초롬한
달이 뜨면, 마냥 걷고 싶어진다. 익숙한 길을 헤매듯 걸으며 길 위에
남긴 발자국에 답답한 마음과 복잡한 생각을 남겨놓고 왔다.

하얀 도화지 위 사칙 연산

● 동아줄

[신작, 베스트셀러, 소설, 에세이]

서점의 높은 천정까지 빼곡하게 진열된 책들, 매대 위에 가지런히 놓인 책들 사이를 거닌다. 대형 서점의 분주함과 안락함이 공존하는 분위기, 그곳에 들어서면 왠지 모르게 가슴 설레던 기억이 난다. 상대방과 약속이 있는 경우는 일부러 일찍 도착해서 서점을 둘러보기도 했었다. 꽃향기를 맡으며 여기저기 거닐어 보듯, 책길 사이를 거닐다 눈길을 사로잡는 제목에 이끌리면 책을 집어 들어 후루룩 넘겨본다. 적당한 곳에서 멈추어, 시선이 닿는 곳부터 읽어나간다. 소설보다는 에세이가 좋았다. 다른 사람의 일기장을 훔쳐보는 기분, 비슷한 상황을 다르게 보게하는 관점이 신선했다. 자기계발서를 읽을 때면 저자에게 따끔하게 야단 맞는 기분이 들기도 했다. 책은 여러모로 부족한 나를 채워주고 때론 길잡이가 되어 주었다.

삶에 고비가 있을 때, 별안간 우울의 나락으로 떨어질 때, 지금 나를 위로해 줄, 내 삶을 붙들어 줄 한 문장을 찾기 위해 글 속에서 헤매었다. 상황을 외면할 방법은 많다. 온종일 시체처럼 누워 TV 채널을 돌리거나, 술을 마시고 잠을 자거나, 친구와 수다를 떨기 등등. 그러나 나는 돌파하길 원했다. 나를 일발 장전시켜 줄 무기 같은 한 문장을 찾기 위해 책을 읽었다. 책은 나에게 잔소리하는 엄마, 다정하게 손을 잡아주는 친구, 세상의 모든 것을 다 알고 있는 선생님이었다. 글 속을 헤매며 어쩌다 만나게 되는 동아줄 같은 한 문장을 잡고 버텼다.

출산 후 찾아온 우울감을 떨칠 수 없어 아이를 재워두고 육아서를 읽기 시작했다. 책을 읽으며 그동안 경험했던 알 수 없는 두려움과 우울감의 이름이 불안임을 알게 되었다. 남들이 쉽게 말하는 소위 '불우한 가정'에서 이만큼 자란 건 정말 대견한 것이라고 스스로 자부하던 어깨 뒤에는 슬픔에 잠긴 작은 그림자가 있었다. 육아서를 읽으며 알게 된 지식은 한 줄기 빛이 되었다. 그러나 처음에는 반가웠던 빛이, 보고 싶지 않은 내면을 자꾸 비추자 힘겨워졌다. 나를 돌봐야 한다는 걸 알았지만 선택할 수 없었다. 그럴 때 시간은 그럴듯한 핑계가 되어주었다. 아이 둘을 키우며 아르바이트에, 집안일까지, 나를 살펴볼 시간이 없었다. 하지만 그것은 두려움이었고 회피였다. 다시 책을 집어 들었다. 거기에서 동아줄 같은 한 문장을 만났다.

"세상에 모자란 시간은 없다. 모자란 시도와 열정만 있을 뿐이다."

『아이를 위한 부모 인문학 수업』(김종원). 이 문장을 보고 정신이 번쩍 들었다. 아무것도 하지 않은 채로 주변 상황을 탓하며 회피하는 사람이 되고 싶지 않았다. 좋은 엄마가 되고 싶었다. 나의 결핍을 대물림하고 싶지 않았다. 나는 어떤 사람인지, 어떻게 살고 싶은지 결정하고, 마음먹은 대로 살고 싶었다. 그것이 나를 돌보는 과정이었다. 그 문장 덕분에 비겁한 사람으로 남지 않겠다는 다짐을 하고 용기를 낼 수 있었다. 아주 작은 것이라도 지금 할 수 있는 일을 시작하는 사람이 되었다.

의욕 뿜뿜, 자신감 만렙. 무엇이든 해낼 수 있을 것 같은 순간이 지나 안정권에 들었더라도 어느 순간에는 다시 길을 잃고 헤맬 수도 있다. 좌절은 이미 방법을 다 안다고 자신할 때 찾아오기 마련이다. 삶은 알 것 같다가도 모르는 것의 반복으로 완성되어 가는 것 같다.

탐색의 사전적 의미는 '드러나지 않은 사물이나 현상 따위를 찾아내거나 밝히기 위하여 살피어 찾음'이다. 삶에서 계획했던 경로를 이탈해 방향을 잃었을 때, 그때가 바로 나를 돌아보고 탐색할 기회이다. 낯선 장소를 찾아가야 할 때 내비게이션만 보고 따라가면 편하고 안전하게 목적지에 도착할 수 있다. 그러나 가끔은 내비게이션이 안내해 주는 화살표가 명확해도 길을 잘못 들어설 때가 있다. '아차'하는 바로 그 순간. 목적지에 가는데만 열중해 놓치고 있는 것이 무엇인지 알아차릴 수 있는 기회의 순간이다.

때로는 잃어버린 길 위에서 더 멋진 풍경을 만나게 되는 행운을 발견하는 것처럼 드러나지 않았던 나를 만날 기회를 선물받은 건 아닐까?

삶에서 잠시 고꾸라지거나 길을 잃었을 때, 웃으며 이렇게 말하고 싶다.

"오히려 좋아!"

하얀 도화지 위 사칙 연산

◉ 삶도 수학과 같아서

흔히 나이에 맞지 않는 행동을 하는 사람들을 일컬어 '철이 없다.' 라는 표현을 쓰곤 하는데 그 말은 어린아이들이 계절, 즉 철을 모르고 계절에 맞지 않는 옷을 입거나 구분하지 못할 때 쓰던 말에서 유래했다고 한다. 어린아이가 세상을 경험하며 계절의 변화를 배워가는 것처럼, 살다 보면 어느 순간 철이 드는 때가 있다. 사랑에 빠지거나, 실연을 당하거나, 취직 또는 실직하거나, 사랑하는 사람의 죽음, 또는 새로운 생명의 탄생 같은 순간들 말이다. 나는 어린 시절 철이 일찍 들어버렸다. 그것은 철이 없을 때 배워야 했던 것들을 건너뛰었다는 의미인 것을 나중에야 알았다. 수학을 배울 때, 덧셈과 뺄셈의 개념을 제대로 이해하지 못하면 곱셈과 나눗셈을 잘하지 못하는 것처럼 삶을 잘 살아가기 위해서는 그 시절에만 배울 수 있는 것을 늦더라도 다시 배워야만 하는 것이었다.

"아이들은 하얀 스케치북과 같습니다. 그 위에 어떤 그림이 그려지는지는 부모님의 사랑과 가정환경이 큰 역할을 합니다."

"아이들은 부모의 등을 보고 자라지요. 아이들은 부모님들이 '이렇게 해라. 저렇게 해야 한다.' 하는 말을 듣고 배우지 않습니다. 은연중에 하는 행동을 보고 자연스럽게 흡수하며 세상을 어떻게 대하고 살아가는지 배워갑니다. 특히 감정을 처리하는 영역에서 그렇지요. 부모의 말과 행동이 다른 순간들이 부모의 권위를 잃는 순간입니다."

부모 교육 전문가들이 하는 말들은 모두 맞는 말이지만, 내 삶에서 실천하기에는 어렵기만 했다. 마음으로 와닿지 않아서 막막했다. 아버지의 부재로 인해 생활전선으로 뛰어들어야 했던 바쁜 어머니와 유년 시절을 보냈다. 그런 환경에서 보고 배워서 할 수 있는 것이라고는 그저 열심히 일하는 것뿐이었다. 육아서를 읽고 책에 나오는 대로 흉내를 내면서 아이들을 키웠다. 불쑥불쑥 고개를 쳐드는 불안과 분노를 억누르면서 좋은 모습을 보여주려고 애썼다. 노력하면 될 거라고 믿었다. 불편한 감정을 꾹꾹 누르고 꼭꼭 숨겨도 귀신같이 눈치채는 아이들. 말과 표정이 다른 엄마를 보며 큰아이가 묻곤 했다. "엄마, 화났어?" 그때마다 속으로 흠칫 놀라며 뭐라고 말해야 하는건지, 잠시 고민하다 이내 "아니!" 라고 대답했다. 화가 난건 아니었지만 분명 불편했던 그 순간을 어떻게 표현해야 했을까? 아이는 자신이 읽었던 엄마의 표정에 대해 말이 다른 엄마를 어떻게 생각했을까?

첫째 아이가 대여섯 살쯤 되었을 때 깨달았다. 내가 되어야 하는 것은 좋은 엄마가 아니라 좋은 사람이라는 것을 말이다. 내가 좋은 사람이 되면, 좋은 엄마는 자연스레 따라오는 것이었다. 내가 행복한 사람이어야 행복한 육아를 할 수 있는 것이었다. 내가 좋아하는 것, 싫어하는 것, 하고 싶은 것, 이루고 싶은 것들을 하나씩 찾아 배워가고 있다. 조심스럽게 나의 그림을 그려가고 있다.

◉ 사는 동안 완성해 가는 나의 존재

어릴 때 보고, 느끼고, 배워야 했던 많은 것들을 다시 배워가는 중이다. 아직도 여전히 혼란스럽다. 아이가 커갈수록 아이의 오늘을 맞이하는 나 역시 처음이라 얼마나 더 지나야 베테랑이 될 수 있을지 모르는 만년 인턴 엄마지만 아이들 덕분에 그 시절의 나를 돌아본다. 과거의 나와 만나 위로하고 위로받는다. 내가 엄마가 되지 않았더라면, 나는 이만큼 철이 들 수 있었을까? 아이들은 나라는 사람이 진정한 나로살 수 있게 도와주는 조력자다.

나는 오늘도 서툴고 내일도 실수하겠지만 다시 이어갈 것이다. 나를 위해서 사는 삶이야말로 아이들을 위한 삶이니까.

하얀 도화지 위 사칙 연산

돈독한 사이

옛말에 '남자들은 목욕탕에 가서 친해지고, 여자들은 친해져야 목욕탕을 간다.'는 말이 있습니다. 퇴고를 거치며 우리가 함께 글을 써온 과정을 돌아보니 작가님들과 함께 목욕탕에 다녀온 것 같은 기분이 듭니다. 함께 글을 썼기 때문에 더욱 친해질 수 있었고 그 과정을 통해 친해졌기 때문에 마무리할 수 있었던 여정이었습니다.

휘발되어 사라지는 말과 다르게 활자로 인쇄되어 영원히 남을 글을 쓰고 책을 낸다는 것은 마치 나의 알몸을 누군가에게 보여주는 것과 같은 느낌으로 비유되기도 합니다. 아무리 친했던 사람이라 하더라도 제일 처음 목욕탕에서 탈의하는 순간은 민망한 것처럼, 우리에게도 자신의 글을 쓰고 서로 읽어주는 과정은 마치 목욕탕에서 탈의하고 부끄럽게 웃으며 시선을 피하는 순간 같았습니다.

목욕탕에 가서 서로가 덜 부끄럽게 적당히 시선을 피해 주고 손이 닿지 않는 등을 밀어주며 더욱 돈독한 사이가 되어가는 것처럼, 우리의 글쓰기 과정도 그러하였습니다. 시선을 피하듯 기다려주고, 등을 밀어주듯 서로의 퇴고를 도우며 우리는 더 돈독한 사이가 되었습니다.

사는 곳도 직업도 다른 사람들이 서로를 지지하고 응원하는 마음으로 뭉쳐서 쓸 수 있었던 글입니다. 열네 개의 자음과 열 개의 모음이라는 같은 재료에 누구나 경험하지만, 누구도 경험해 보지 못한 나만의 경험을 더해 책이 나오게 되었습니다. 함께해 주신 작가님들과 이 책을 읽고 계신 독자님들께 감사의 인사를 전합니다.

하얀도화지 위 사칙 연산

2부

사랑해 사랑해 사랑해

가족과 함께 나누는 순간들은
시간이 지나도 소중한 기억으로 남아 우리를 지탱해 준다.
가족이라는 인연은 우리 삶에 빛과 같은 존재이다.

빛나는
인연들

◆ 지음(정금란) ◆

공간누리다 대표, 공간에디트협동조합 이사장, 공간기획/정리수납전문가/정리수납
강사

- 이메일 : free0504@naver.com
- 인스타그램 : https://www.instagram.com/geumran_jeong
- 블로그 : https://blog.naver.com/free0504

긴 호흡으로 그린 삶의 선물

◉ 인생 2막의 시작

크리스마스 이브, 나는 아르바이트를 하며 남편을 처음 만났다. 일을 하면서 함께 지내는 시간이 많았던 우리는 점차 가까워졌고, 3년 연애 후 결혼을 했다. 사랑하는 남편과 똑 닮은 아이를 낳고 싶었다. 남편은 둘만 있어도 충분하다고 했지만, 나는 아이와 함께하는 삶을 꿈꾸었다. 내 나이 서른둘, 노산이라는 생각에 마음이 조급했다. 간절히 바라면 이루어진다고 했던가. 다행히 우리에게 선물이 찾아왔다. 친정엄마는 늦은 나이의 결혼이라 은근히 걱정하셨는지, 다행이라는 말과 함께 고맙다는 말을 연거푸 하셨다. 조금씩 입덧도 시작했고 입맛도 달라지면서 신기한 경험이 시작되었다.

마냥 행복한 시간을 보내고 있던 어느 날, 정기검진에서 '계류유산'이라는 생각지도 못한 말을 듣게 되었다. 의사 선생님은 아이의 심장이 뛰지 않는다며, 바로 수술을 하자고 말씀하셨다. 믿기지 않았다. 애써 현실을 부정하며, 다음에 다시 오겠다는 말을 남기고 병원을 나섰다. 남편은 태연한 척 나를 위로해 주었지만 이미 내 세상은 온통 어둡고 절망으로 가득했다.

일주일 후, 다시 병원을 찾았을 때는 이별을 받아들일 수밖에 없었다. 그날은 2005년 4월 20일이었다. 수술 후 회복실에서 아픈 배를 움켜쥔 채 아이와의 이별을 실감하며 하염없이 눈물을 흘렸다. 몸도 마음도 모두 망가진 상태였다. 자리에서 일어나 앉는 것조차 힘들었다.

힘겹게 하루하루 버티듯 살고 있었다. 시어머니께서 그런 나를 보다 못해 그냥 두면 큰일 나겠다 싶으셨는지 절에 100일 기도를 다녀오면 어떻겠냐고 제안하셨다. 학창 시절 교회에서 학생회장까지 맡았던 나였지만 실낱같은 희망이라도 붙잡고 싶은 마음에 그렇게 하겠다고 했다.

◉ 새로운 만남을 위한 여정

남편은 수원에, 나는 논산에 있는 계룡산의 작은 암자에서 100일 동안의 생활이 시작되었다. 신혼 초, 한창 달콤해야 할 시기에 우리는 전화로 아침저녁 안부를 묻는 사이가 되었다.

시어머니께서는 장뇌삼 100뿌리를 준비해 주셨고, 사찰에서는 100일 동안 초가 꺼지지 않도록 배려해 주셨다. 건강식과 함께 10배, 20배, 30배씩 점차 절을 늘려가며 조금씩 건강을 회복해 나갔다. 암자를 떠나기 전에는 홀로 저녁 9시에 법당에 들어가 오전 6시까지 3,000배를 할 수 있을 정도로 체력이 회복되었다. 100일 기도가 끝난 후에도 집에서 매일 300~500배씩 하며 건강을 챙겼다.

첫 아이와의 이별 후 8개월 만에 다시 소중한 생명이 찾아왔다. 이번에는 반드시 지켜내겠다고 다짐하며 더욱 간절하게 운동하고 식단도 조절했다. 일주일에 3일은 서울로 임산부 요가를 다니고, 매일 108 배를 했으며, 시간이 될 때는 남편의 요가 수업을 따라다니며 출산을 준비했다.

출산예정일 2달을 앞뒀을 때, 산책 후 구토를 심하게 했다. 그 이후 무슨 탈이 났는지 도저히 음식을 먹을 수가 없었다. '이제 나는 엄마다. 힘내자!' 라고 주문을 외우며 억지로라도 조금씩 무언가를 입에 넣으려고 애썼다. 먹는 게 이렇게 힘든 일인지 처음 알았다. 출산예정일 3주를 앞두고 가진통이 시작되었다. 자연분만하고 싶었다. 긴 호흡으로 아이와의 출산을 준비해 왔기 때문에 꼭 그렇게 만나고 싶었다. 미역국을 억지로 조금씩 나누어 먹고, 몇 걸음이라도 걸어보고, 허리도 돌려보며 만남을 준비했다. 그동안의 노력 덕분이었을까 거의 한 달을 먹지도 못했는데, 의사 선생님의 "힘주세요." 라는 말에 나도 모를 초인적인 힘이 나왔다. 그렇게 "으앙" 소리와 함께 나의 뱃속에서 함께 호흡하던 아이와 만났다.

참 이상하게도, 그 짧은 순간에 세상이 확장되는 느낌이 들었다. 이제야 비로소 어른이 되는 것 같았고, 부모님의 마음을 조금이나마 이해할 수 있을 것 같았다. 새 생명의 탄생과 함께 나 역시 새롭게 태어난 기분이었다.

딸, 며느리, 아내라는 이름 외에 '엄마'라는 새로운 타이틀이 생겼다. 처음에는 '엄마'라는 단어가 참 어색했고, 내가 과연 엄마 역할을 잘 해낼 수 있을지 의문이 들었다. 새 생명의 탄생은 나에게 많은 숙제를 안겨주었다. 아이를 낳으면 그걸로 끝인 줄 알았는데, 그때부터가 진짜 시작이었다. 내가 꿈꾸던 엄마의 모습과 실제 내 모습은 너무 달랐다. 잠과 싸워야 했고, 매일 새로운 상황에 당황하며 준비되지 않은 엄마임을 실감했다.

밤이 되면 아이를 재운 후 육아서적을 읽고, 블로그를 뒤지고, TV 프로그램을 보며 자료를 찾아 공부했다. 부족한 나 자신을 탓하며 눈물을 흘리기도 했다. 그럴 때면 남편은 "당신만큼 잘하는 사람은 없어. 힘든 건 당연해." 하며 나를 위로했다. 남편은 함께 자료를 찾아주며, 우리가 어떻게 아이를 키워나갈지 함께 고민하고 이야기 나누었다. 그 시간이 참 좋았다.

둘째를 임신하고 기형아 검사를 했을 때 수치가 좋지 않게 나왔다. 고민하는 나에게, 남편은 "뭐가 고민인데?" 라고 물었다. 그러고는 "우리에게 온 아인데, 만약의 경우가 생기더라도, 그것도 우리 몫 아니겠

어." 라고 말한다. 순간 수치를 보며 고민하던 내가 부끄러웠다. 둘째
는 태어나서 한 달쯤 되었을 때 '사경'이라는 진단을 받았지만, 빨리 발
견한 덕분에 제때 치료받을 수 있어서 1년 만에 완치 판정을 받았다.

🌑 긴 호흡으로

엄마가 된 지 18년째다. 짧지 않은 시간이지만, 여전히 '엄마'라는
자리는 쉽지 않다. 특히 친정엄마와 시어머니를 보며 '엄마'라는 의미
에 대해 더 깊이 생각하게 된다. '완전한 내 편, 응원자, 안식처, 배려,
희생, 나보다 자식을 더 아끼는 사람' 이런 단어들이 자연스럽게 떠오
른다.

아이들은 나를 생각하면 어떤 단어를 떠올릴까? 나는 부모님들에
비하면 반도 안 되는 엄마일지도 모른다. 처음 엄마가 되면서 서툴렀
지만 노력했던 나 자신에게 말해주고 싶다.

'기특해, 금란아!'

부족했지만 노력했고, 앞으로도 계속 노력할 것이기 때문이다. 앞으
로의 나, 엄마로서의 삶을 스스로 응원한다. 엄마의 자리가 힘들다고
느껴질 때 나는 혼잣말을 한다.

"나는 엄마다. 힘내자."

내게 와준 아들과 딸, 긴 호흡으로 너희와의 만남을 준비했고, 앞으
로 살아갈 날들 또한 긴 호흡으로 준비할게!

언제나 너희의 편이 되어줄게. 사랑해!!!

부창부수

● 나의 일

나는 정리수납 전문가로, 남편과 함께 누군가의 집을 정리해 주는 일을 한다. 불필요한 물건들을 비우고, 공간과 용도에 맞게 물건들을 정리해 준다. 우스갯소리로 우린 '매일 이사하는 일을 한다'고 말하기도 한다. 그만큼 많은 물건을 다루고, 상당한 체력을 요구하는 일이다. 그럼에도 불구하고 나는 이 일을 참 좋아한다. 하루라는 짧은 시간 안에 사람들의 삶에 변화를 주고, 마음의 안정을 선물할 수 있기 때문이다.

● 아침 시작

오늘의 고객님에게 추가 서비스를 요청하는 문자가 왔다. 비대면 서비스로 미리 조율이 필요한 부분이었지만 고객님은 전화와 통화요청 문자에 답이 없으셨다. 마음속에 불편함이 올라오기 시작했다. 계획했던 나의 일과가 삐걱거리는 느낌이었다. 머릿속에 오늘 해야 할 일들

빛나는 인연들

이 스쳐 지나가고 마음이 바빠졌다.

업무가 시작됐다. 마음속으로는 '적당히 선을 긋겠다.'고 다짐했지만, 어느새 고객의 추가 요청 사항에 맞춰 시간 계획을 짜고 있는 나 자신을 발견했다. 그 사실에 짜증이 났지만 그렇다고 눈앞에 있는 물건들을 그냥 두고 나오는 것도 어려웠다. 내 아이들이 독립해서 1인 가구로 사는 모습이 그려지면서 마음도 쓰였다.

결국, 하지 않아도 될 일까지 무리하게 마치고 나왔다. 적당히 선을 긋고 실속을 챙기지 못해서 속상했지만, 고객이 진심으로 잘 살았으면 좋겠다고 생각했다. 고객에게 앞으로 좋은 일 많이 생기시라고, 행복하게 사시라고 문자를 남겼다. 잘 했다고 스스로 다독여 보지만 오늘 계획했던 남은 일들을 처리하려니 다시 마음이 바빠졌다.

◉ 오후 시작

일을 마치자, 남편이 창고에 놓을 선반을 중고 거래로 무료 나눔 받고 싶다고 한다. '필요한 거니까 가야지. 그래 가자...'

아침부터 알 수 없는 내 마음과 싸우느라 이미 지쳐서 말없이 수긍했다.

나눔 장소에 도착해 남편이 올라갔다. 잠시 후 내려온 남편은 나눔을 하시는 분이 도움이 필요하니 함께 올라가 보자고 했다. 2층으로 올라가 마주한 곳에는 왜소한 체격의 아주머니가 서 있었다. 그 뒤로 어지럽게 놓인 컴퓨터, 집기류, 선반, 책상들이 있었다. 아주머니 남동생의 사무실인데, 남동생의 갑작스러운 병으로 서울에서 수원까지 오가며 홀로 사무실을 정리하고 계신다고 했다. 남편은 책상들이 너무 커서 혼자 내리실 수 없으니 도와드리자고 했다.

오늘은 계속 모르겠다는 마음이 이어진다. 점심도 먹지 못해 몸마저 지쳐 있었지만, 남편의 선의를 모른 척할 수 없어 그러자고 했다. 책상을 분해하는 모습을 지켜보고 있다가, 가만히 있는 시간이 아까워졌다.

어느새 "제가 무얼 도와드릴까요?" 하고, 손에 장갑을 끼고 일을 도와드리고 있다. 이건 뭐지? '부창부수'였다. 아침에는 나의 오지랖, 오후에는 남편의 오지랖... 그렇게 하루를 보내고 있었다.

아주머니는 혼자서 몇 날 며칠 정리를 하며 너무 힘들었다고 속 이야기를 꺼내셨다. 그분 옆에서 정리를 도우며, 지금 이 순간이 그분에게 작은 위로가 될 수 있겠다는 생각이 들었다. 온전히 그분의 이야기에 집중하고 싶었다.

눈물 고인 얼굴로 고맙다고 인사를 하시던 아주머니는 유료로 판매하려던 조립식 선반 4개를 모두 가져가라고 하셨다. 창고에 놓으려던 선반이 한꺼번에 모두 생겼다. 마음이 복잡한 하루가 지나갔다. 하루가 어땠다고 결론지을 수는 없지만, 나와 남편은 참 닮아 있는 것 같다.

우리 부부 앞으로도 세상을 선하게, 그러나 마음은 다치지 말고 살아보자!

빛나는 인연들

엄마와의 달콤한 추억이 있나요?

● 바쁨 속에서

돌아보면 나의 삶은 늘 바빴다. 계속 무얼 하고 있었다. 집안일, 직장 일, 공부 등 딱히 쉴 때 마음 편하게 쉬어 본 기억이 별로 없다. 찬찬히 지난 사진을 들여다보니, 바쁨 속에서도 행복했던 순간들이 보인다. 바빴지만 행복했구나. 그런데 왜 행복했다는 기억보다 바빴다는 기억만 남아 있을까? 바쁨 속에서 여행도 다녔고, 운동도 했고, 책도 읽었는데. 어쩌면 내 마음속에 그 즐김조차도 '쉼'이 아닌 또 다른 '일'로 간주하고 있었던 건 아닌지 모르겠다.

친정에 가도 여러 마음이 교차했다. 엄마와의 소중한 시간임을 알면서도, 처리해야 할 일들이 먼저 머릿속에 떠올랐다. 차라리 여행을 가면 그 순간에 집중할 수 있었지만, 친정에 있을 때는 온전히 엄마와 시간을 못 가졌던 것 같다.

◉ 산나물을 뜯으며

친정은 용인에서 조금 더 들어간 시골 마을이다. 멋진 풍경이 펼쳐진 아름다운 곳으로, 가끔 여기서 나의 노후를 보내도 좋겠다고 생각하곤 했다. 어느 봄날, 엄마가 "할 일이 많니? 빨리 가야 하니?" 물으셨다. 집에 가면 해야 할 일들이 머릿속에 스쳤지만, 괜찮다고 답했다. 엄마는 산나물을 뜯으러 가자고 하셨다. 엄마는 나물을 정말 잘 아신다. 그 덕에 시장에서는 볼 수 없는 귀한 나물들을 먹고 자랐다. 그래서 지금도 고기보다는 나물을 좋아하고, 나물을 볼 때면 식탐이 생기곤 한다. 내가 가장 자신 있게 하는 요리도 나물 반찬이다.

삼대가 함께 산을 오르며 나물 뜯기가 시작되었다. 허리 수술과 시술을 3번이나 받아 이제 산에 오르기 힘드시다던 엄마의 표정이 밝고 환해지셨다. 엄마가 나물을 식별하는 기준을 알려주면 배운 대로 나물을 뜯었다. 헷갈리는 것은 엄마에게 물었다. 아이들은 외할머니와 함께 산나물 뜯기가 마치 보물찾기라도 되는 듯 즐거워했다. 순간 뭉클했다. 엄마는 이렇게 우리와 함께 하는 시간을 원하셨구나. 엄마의 행복이 보이니 나도 행복했다. 삼대의 행복이 온전히 느껴졌다.

어릴 적 엄마가 쉬시는 날이면 함께 산에 올라 땔감도 구하고, 나물도 뜯던 그때가 영화의 한 장면처럼 떠올랐다. 엄마는 허리춤에 엄마가 직접 만든 나물 주머니를 묶고, 나물들을 따는 즉시 주머니에 쏙쏙

107

빛나는 인연들

넣으셨다. 나는 솔가지를 쓸어모으거나, 부러진 나뭇가지를 모았다. 간혹 긴 나뭇가지를 찾으면 기분이 더 좋았다. 산에서 내려오는 길에, 긴 나뭇가지를 질질 끌고 엄마 뒤를 따랐고, 엄마는 지게에 솔가지와 나무를 메고 허리에는 봄나물을 차고 내려오셨다. 그때 엄마의 피부는 뽀얗고 맑았다. 젊고 예뻤다.

이제 허리도 아프시고 기력도 없으셔서 다음 기회는 없을 것 같은 생각에 이 순간이 더 애틋했다. 언제 또 엄마와 함께 산을 타며 나물을 뜯을 수 있을까? '마음이 말랑말랑, 몰랑몰랑, 이상야릇.' 참 여러 감정이 들었다. 행복했다가, 저릿했다가, 감동스러웠다가, 아쉬웠다가, 아련했다가, 간절하고 소중했던 시간이었다.

산을 오르내리며, 따스한 기운이 스며들었고, 엄마와 함께 할 수 있는 순간에 감사했다. 또 미안했다. 엄마에게는 우리 자식들이 전부인데 나 살기에 바빴구나. 엄마는 나물을 뜯으며 나물 이름도 알려주시고 조리 방법도 알려주시느라 바쁘셨다. 삼대가 함께 뜯었던 나물의 이름들은 다래순, 오이순, 장아리, 고춧잎순, 취나물, 고사리... 그 외에도 밭에서 뜯은 기억 나지 않는 나물들. 엄마와 함께 뜯은 나물들은 시댁과 이웃과도 나누어 먹었다.

엄마의 사랑은 자식뿐만 아니라 많은 사람에게 행복을 나누어 주었다. 엄마와의 달콤했던 순간, 두고두고 기억에 남는 감사했던 시간이다.

비 오는 날

어릴 적 비

초등학교 시절 비가 오는 날이었다. 학교에 다녀온 뒤 대청마루 위에 드러누워 늘어져 있었다. 타닥타닥. 처마 밑으로 빗방울이 떨어지며 나른함이 나를 감쌌다. 스르르 잠이 들었고, 얼마나 잤을까? 눈이 떠졌다. 상쾌함과 동시에 놀란 기분이 들었다. 분명 학교에 다녀온 직후 잠들었는데, 주변 풍경은 아침이었다.

허둥지둥 등교 준비를 하다 밖을 바라보니, 동이 트는 아침이 아닌 어스름 저녁이 오고 있었다. 개운함에 아침까지 쭉 내리 자버린 줄 알았다. 헛웃음이 났다. 혼자서 허탈하게 툇마루에 앉아 멍하니 비가 오는 풍경을 보았다. 빗소리와 비 냄새, 툇마루가 주는 시원함, 그리고 그 속에 나른함이 있는 날이었다.

🔘 어른이 되어서의 비

강원도가 고향인 나는 감자와 친하다. 밥 위에는 늘 감자가 얹어져 있었고, 엄마의 빨간 감자 반찬은 늘 맛있었다. 그중 최고는 감자전.

비가 오던 날 감자 가져가라는 엄마의 전화에 남편과 함께 친정에 들렀다. 엄마는 감자를 갈고 계셨고, 자연스럽게 저녁 메뉴는 감자전이 되었다. 토도독. 빗소리가 정겨웠다. 밖에서 먹으면 더 맛있지 않겠느냐는 남편의 제안에, 처마 밑에 차림을 시작했다. 돗자리를 하나 깔고 그 위에 버너 하나 놓고, 떨어지는 빗방울이 기름에 튈까 봐 우산도 하나 펼쳐 놓았다. 거기에 비와 어울리는 음악도 함께.

처마 아래에서 전을 부쳐 먹기 시작했다. 고소한 기름 냄새와 음악이 어우러져, 도란도란 이야기꽃이 시작되었다. 정말 우리 엄마 손도 크지. 어쩜 그리 감자를 많이 갈았는지, 이거 다 못 먹는다고 너무 많다고 하면서도 우리는 그 많은 양의 감자전을 다 먹었다.

🔘 나의 작은 꿈

지금 내가 사는 곳은 아파트다. 딱딱한 철근 구조물에 집들이 따닥따닥 붙어 있다. 다행히 베란다에 나가면 초록산을 볼 수 있고, 비가 오면 정겨운 마을 풍경도 느낄 수 있다.

비가 오는 날이면 나른하게 낮잠을 자고 일어나 바라보았던 바깥 풍경, 정겨운 빗소리, 배가 부른 줄도 모르고 분위기에 취해 그 많은 양의 감자전을 다 먹었던 그 날이 생각난다. 바쁜 현실 속에서 그날의 기억을 떠올리면 평온함과 마음의 쉼이 느껴진다. 마음속에서 몽글몽글한 아지랑이가 피어나는 것 같다.

좀 더 여유가 생긴다면 처마와 마루가 있는 집을 짓고 싶다. 처마 아래로 떨어지는 빗소리를 들으며, 마루에서 가족들과 정겹게 마주 앉아 감자전 부쳐 먹고 나른하게 낮잠도 즐기는 꿈을 꾼다. 비가 오는 날이면 꾸게 되는, 나에겐 그런 작은 꿈이 있다.

빛나는 인연들

시어머님을 칭찬합니다!

◉ 조건 없는 사랑

우리의 결혼 과정은 순탄치 않았다. 시댁의 반대가 있었다. 쉽지 않았지만, 결혼 후 어머님은 180도 달라지셨다.

"이제 너는 우리 식구다."

결혼 전과 모든 것이 바뀌었다. 내가 이야기하면 늘 고개를 끄덕여 주시고, 경청해 주신다. 가끔은 '전에 이 이야기를 했던 거 같은데' 라는 생각이 드는데도 늘 처음 듣는 것처럼 들어주신다. 함께 상의할 일이 있으면 남편보다 나에게 먼저 연락하신다. 내가 일을 하고 있을 것 같은 시간이면, 방해가 될까 봐 남편에게 전화하거나 아이들에게 전화하신다.

하루는 아이가 아파서 출근하며 어머님께 전화를 걸었다.

"어머님 바쁘세요."

"아니다. 괜찮다."

"둘째가 아픈데, 병원 좀 부탁드릴 수 있을까요?"

"알았다. 내가 챙길게. 걱정 마라."

퇴근 후 시댁에 있는 아이를 데리러 가니, 아침에 전화했을 때 대전에 계셨다고 하신다(나는 수원에 산다). 조건 없는 사랑이 이런 건가 싶다.

하루는 시댁에 가서 이런저런 이야기를 하다 폐경이 된 이야기를 하게 되었다. 어머님이 네가 벌써 그런 나이가 되었냐며 눈물을 글썽이셨다. 며칠 뒤 아버님과 산책하다 들르신다며 피자를 들고 오셨다. 함께 이런저런 이야기와 함께 피자를 드시고는 봉투를 내미신다. 속이 상하셨다며, 위로금이라고 하신다. 봉투 안에는 100만 원이 들어 있었다.

◉ 나에게 시어머님이란

세상에 '시~'라는 단어는 조금 어려운 단어로 통한다. 그런데 나는 '치유, 공감, 내 편'이라는 단어가 떠오른다.

결혼 초 유산하고 몸을 가누지 못할 때, 내 몸 회복에 전념을 다 해주셨다. 첫째를 출산하고 친정에서 마음을 다치는 일이 있었을 때, 눈물 가득 머금은 나를 소리 없이 품어주셨다.

지금 이 순간도 "어머님~" 하는 전화 한 통 하면 다정한 목소리로 "왜~" 하고는 일하는 장소까지 달려와 주신다. 일하면서 집을 어떻게 챙기냐며, 반찬도 챙겨주시고, 언제든 필요할 때 SOS를 치라고 하신다.

빛나는 인연들

늦은 저녁 집에 오니 설거지가 깨끗이 되어있다. 아이들에게 고맙다고 했다.

"할머니가 하고 가셨어. 그런데 할머니가 설거지했다고 하면 엄마가 부담되니까 우리가 했다고 하래." 아들이 말했다. 너무 감사했다.

나는 가끔 생각한다. 아이들이 결혼하면 과연 나는 어떤 시어머니이고, 장모일까. 나는 어머님처럼 할 수 있을지 자신이 없다. 가끔은 보고 배운 게 있으니 할 수 있지 않을까 생각이 들기도 한다.

세상에 바른말들이 많이 존재한다. 책을 읽으며 '충조평판(충고, 조언, 평가, 판단)'이란 단어를 마주했다. '충조평판' 이전에 온전히 나를 아끼고 내 편이라고 느끼는 그 한 사람의 온기가 나를 지탱하고 변화시킨다는 생각이 든다. 변화의 힘을 준 것은 어머님이었다. 어린 시절 마음이 아주 아팠던 나는 어머님이 주신 따뜻함으로 지금 이 세상을 열심히 살아가고 있다. 그 사랑 잘 받고 잘 나누고 싶다.

어머님 감사합니다!

에필로그

나는 누군가의 집, 사무실, 상업 공간을 정리하는 일을 한다. 정리된 공간이 사람들에게 주는 긍정적인 힘을 잘 안다. 어수선했던 공간이 깔끔해지면, 그곳에 사는 사람들의 마음도 가벼워지고, 새로운 시작을 향한 기대가 차오른다. 그것이 내가 이 일을 계속하는 이유다.

하지만 남의 공간을 정리하면서도 내 삶은 잘 정리되고 있는지, 내 생각은 명확한지 의문이 들었다. 바쁜 일상 속에서도 마음 한구석에 풀리지 않은 매듭이 남아 있는 듯했다. 그러다 '별글'을 만났다.

별글에서 나는 내 생각을 차분히 들여다보고 구체화하려 애썼다. 진짜 내가 원하는 것이 무엇인지, 놓치고 있던 내 목소리를 찾아내고 싶었다. 생각이 정리되면 마치 공간을 정리한 후 느끼는 변화처럼 내 삶에도 새로운 바람이 불 것이라는 기대가 생겼다.

글을 쓰면서 나는 지나온 삶과 현재를 되돌아볼 수 있었다. 서툰 글에도 작가님들이 공감해 주고 이야기를 나누며 큰 힘을 얻었다. 다른 작가님들의 글을 통해 삶의 공통된 고민을 발견하고, 그들이 세상을 열심히 살아가는 모습에 감동받았다. 그 감동은 내 지친 마음을 위로하고, 용기를 주며 긍정의 씨앗을 키웠다.

누군가의 글을 읽다 보면, 그들의 삶 속에서 나를 비춰 보게 된다. 글을 읽는 일은 또 다른 인생을 선물 받는 것과 같다. 부족한 글이지만, 누군가에게 작은 따뜻함을 전할 수 있기를 바란다.

'별글'을 통해 나는 새로운 길에 첫 발을 내디뎠다. 아직 서툰 걸음이지만, 그 한 걸음이 앞으로 나아갈 힘이 되기를 소망한다. 함께해 주시고 응원해 주신 진수민 작가님과 여섯 분의 작가님들께 감사드린다. 그리고 나를 언제나 따뜻하게 감싸주는 가족들에게 사랑을 전한다.

빛나는 인연들

"

어쩌다 크게 쉰 숨 한 번이 한 해 한 해 나를 살게 해 주었다.
마치 어쩌다 내리는 한여름 소나기처럼. 나를 '어쩌다 태어난 나' 라고 말해주고 싶다.
그렇게 부르면, 행운으로 가득 찬 아이 같기 때문이다.

"

어쩌다 엄마가 된
어른

◆ 보현화(권원주) ◆

도서출판 다다온 대표. 1인기업 머니레벨업 커뮤니티 대표. 엄마쌤놀이터 엄마표영
어 코치, 진해 하브루타 독서모임 리더. e음연구회 회장(SDGs 지속가능발전 중 환경
파트). AI 아티스트 전시 작가

· 저서 : 세상쉬운 엄마표 영어, 글로 눈물을 닦다, 웃다가 행복해진 하루조각
· 음반 : 1. Christmas Moments Filled with Happiness
       2. Carols of a Cozy Christmas
· 이메일 : wonju1219@naver.com
· 인스타그램 : https://www.instagram.com/kwon_wonju
· 블로그 : https://blog.naver.com/wonju1219

결국 나는 천생 엄마였다

"네?"

"이미 진통이 시작되었는데 모르셨어요? 지금 바로 입원해서 출산 준비를 해야 할 것 같습니다."

금요일 오전 11시 정기검진 중 의사 선생님 말씀에 귀를 의심했다. 사실 전날부터 배가 아프고 뭉쳤지만 일을 많이 해서 그런 줄 알았다. 두 달 전 남편은 영국으로 몇 개월간의 교육을 받으러 떠났다. 그래서 다니던 병원을 친정과 가까운 마산삼성병원으로 옮겼고 검진 날이면 남동생이 데려다주었다.

부모님은 건강원을, 남동생은 맞은편 건물에서 포도즙 등을 짜서 판매하고 있었다. 늦은 여름 포도즙을 많이 짜는 시즌이라 늘 가게는 바쁘게 돌아갔다. 그 광경이 눈앞에 아른거려 집에서 편히 있을 수 없어 낮이면 나가서 포장일을 도왔다. 전날 밤 배가 여느 때보다 많이 뭉치고 아파 아이에게 말을 걸었다.

"둥아! 오늘 힘들었지? 애고 착한 울 둥이 아주 힘들었나 보다."

밤새 후회 반, 어쩔 수 없었다는 체념 반으로 배만 하염없이 쓰다듬
었다. 그런데 그게 진통이었다니. '애를 낳아봤어야 알지'라고 하기엔
아기에게 아주 미안한 초보 엄마였다.

◉ 안녕 둥아

3일간의 진통과 숨을 한 번 넘겨 낳은 첫 출산의 기억은 잘 떠오르
지 않는다. 가끔 드라마에서 오래된 기억을 떠올릴 때면 주인공이 하
는 행동이 있다. 커다란 눈을 하늘로 치켜뜨며 기억해 내려는 모습 말
이다. 첫째 아들의 출산 기억을 떠올릴 때면 그 장면이 겹친다. 출산
장면을 기억해 내기가 이렇게도 막막하다니. 확실한 건, '이대로 죽으
면 참 편안할 것 같다'라고 생각하며 호흡을 잠시 멈춘 느낌만은 생생
하다. 어쩌면 아들이 나오는 순간보다 숨을 놓친 그 기억이 더 선명해
서일까? 그래도 기억해 낸다면 꾹 앙다문 입술 사이로 겨우 터져 나오
는 작은 울음소리 정도인 것 같다.

◉ 안녕 이룸아

둘째는 태어난 순간이 지금처럼 선명하다.

입을 크게 벌리고 힘차게 꺽꺽 울어대는 소리와 젖꼭지를 세차게 빨
아대는 힘에 놀랐다. 방금 태어난 아기가 마치 엄마를 만나기 위해 단
장이라도 한 듯 깨끗했다. '백옥 같다'는 표현이 우리 아이를 위해 만들

어졌나 싶을 정도로 작은 점 하나 없이 깨끗했다. 매끄러운 피부에 몽고점도 겨우 100원짜리 동전 크기였다. 눈은 제법 긴 옆선의 눈매여서 쌍꺼풀 없어도 커 보였다. 입술은 장인의 손길이 담긴 듯 선명한 라인으로 고려청자 급이었다. 제법 귀티 나는 잘생긴 아기, 이 정도 기억만 꺼내도 입가가 귀까지 찢어진다.

이렇게 둘은 정말 다른 느낌, 다른 아이로 태어났다.

◉ 엄마라는 이름의 앨범

나는 정말이지 '천생 엄마다' 라고 말하고 싶지만, 또 그게 아닌 것 같기도 하다. 결혼은 싫었고, 아이는 더더욱 싫었다. 이런 내가 육아 전쟁 속에서 한 뼘의 고지를 사수해야 하는 사명감이라도 있듯 하루를 살아내었다. 그 하루들을 천생 엄마라는 타이틀을 사수했다 넘겨줬다 하며 살아가는 것을 보면 천생 엄마인지 헷갈리기도 한다.

엄마라는 단어가 주는 행복 무게를 알게 된 나의 삶에 있어서 감사한 마음은 순간순간 심장 언저리에 곱게 내려앉는 날이 많았다. 하지만 두 눈에 담았던 아이와의 추억들을 잊는 날이 더 많다. 그럴 때면 마음속으로 잊지 말자고 다짐한다.

아이들은 자라면서 자신의 어린 시절을 잊어버려도 나는 엄마니까 기억하려고 노력한다. 당연한 말이지만 그게 바로 엄마니까. 내가 기억하지 않으면 누가 어린이집 입학식을 기억해 줄까? 내가 아니면 짜

장면과 국수를 먹으며 졸고 있는 모습들을 기억해 줄 수 있을까? 아이의 첫 웃음소리, 뒤뚱거리며 걸어오던 모습, 서툰 글씨로 쓴 편지, 이 모든 순간들이 가슴 속에 저장되어 있다. 나중에 아이가 자라서 "엄마, 기억나?"라고 묻는다면 이렇게 말해주고 싶다.

"그럼, 다 기억하지! 너희가 잊어도 엄마는 다 기억하고 있어."

아이들을 키우는 것과 엄마가 된다는 것은 단순한 일이 아님을 이젠 잘 안다. 아마도 매일매일 새로운 역사를 쓰는 것일 것이다. 여전히 엄마라는 이름의 무게는 힘겹지만, 그 무게가 주는 사랑과 감동은 세상 그 무엇과도 비교할 수 없는 것 같다. 내가 기억하는 모든 순간이 나와 아이들을 이어주는 소중한 끈이 되기를. 그래서 오늘도 나는 엄마라는 귀한 이름을 짊어지고 사랑과 기억으로 가득 찬 하루를 보내려 노력하며 살고 있다.

현실은 고2가 된 아들과의 추억은 물론, 초6인 아들과의 추억도 매번 잊어버리지만 말이다. 그럴 때면 장당 100원이라는 저렴한 인터넷 인화에 의존할 수밖에 없다. 그래서 매번 1,000장씩 뽑는다. 혹여 치매가 오더라도 기억하기 위한 발버둥 같은 노력을 오늘도 하고 있다고나 할까? 그래서 아이들이 '엄마란 무엇인가요?'라고 물어온다면 이렇게 말해주고 싶다.

"엄마란, 모든 추억을 품고 있는 살아있는 앨범이란다."

어쩌다 엄마가 된 어른

● 엄마라서

엄마라서 참고 이기는 것도 많다. 엄마라서 먼저 해보려는 의지도 생기곤 한다. 엄마라서 게으름을 부리다가 정신 차릴 때도 참 많다. 무엇보다 아이와 내가 같은 날 아플 때 진가를 발휘한다. 나도 불덩이같이 열이 나는 상황에서 아들 열 온도를 재기 위해 설정한 핸드폰 알람 소리가 울리자마자 아픈 몸을 벌떡 일으킬 때면 내가 참 대견하다. 칠흑같이 어두운 밤 한 치의 오차도 없이 작은 귓속에 동그랗게 튀어나온 체온계를 넣을 땐 또 어떤지. 깃털처럼 가볍게 귀 안으로 넣고는 열을 잴 때면 비로소 천생 엄마가 된 것 같다.

첫째 아들은 내게 겸손을, 둘째 아들은 내게 인내를 알게 해주었다. 그리곤 조금씩 나를 유인원에서 사람으로 만들어준다. 물론 여전히 겸손은 가뭄에 콩 나듯이 실천하고 있고, 인내는 365일 중 빨간 날만 하는 듯하지만 말이다. 나머지 날들은 내 스타일대로 추억을 쌓아가며 저장하고 있다. 이래도 나 참 괜찮은 엄마라고 말해주고 싶다.

"아들! 혹여 다음 생에 엄마 아이로 태어난다면 현빈, 손예진 같지 않아도, BTS 급 아들이 아니어도 좋아. 엄마 눈엔 울 아들들이 세상에서 가장 멋진 아이돌이거든. 더 중요한 건 뭔지 아니? 다음 생을 기약하지 말고 지금 이 생에 너희들과 행복하게 사는 거야. 그리고 그 기억으로 생을 마감하고 싶어. 느껴지니? 엄마 마음이! 그러니 우리 더 많이 사랑하고, 더 많이 웃자."

엄마라는 DNA

● 인정받은 걸까?

"최 서방! 내는 우리 원주가 결혼한다 했을 때 제일 걱정한 기, 아는 낳을랑가? 낳아 놓으면 또 제대로 키울랑가 싶어서 걱정 마이 했다. 야가 어릴 때부터 아를 싫어해서 제 새끼 낳으면 우찌 잘 키울낀가 진짜로 걱정했거든. 그란데 내 자식 다섯 중에 야가 제일 잘 키우는 기라. 볼 때마다 내 새끼지만 참 대견타 한다."

대구에 있는 절에서 제사를 마치고 친정이 있는 고성으로 가는 길에서 어렵게 꺼낸 친정엄마의 말씀에 '엥' 하는 소리가 나도 모르게 새어 나왔다. 이런 말을 시속 100킬로미터가 넘는 고속도로 한가운데에서 들을 줄이야. 뒷좌석에 앉아 계셨던 엄마가 몸을 앞쪽으로 당기셨나 보다. 앞자리 보조석에 있는 나의 귀 옆으로 친정엄마의 힘줄이 솟은 거친 손이 닿았다. 약간 미안해하는 느낌의 목소리가 웬지 그날 따

어쩌다 엄마가 된 어른

라 듣기에도 좋았고 기분도 좋았다. 생각지도 못한 말씀에 '기가 차다'는 느낌이 이런 느낌일까 싶기도 했지만 말이다. '그래 난 참 더럽게도 애들을 싫어했지. 그런데 내가 생각해도 애를 잘 키우는 것 같기는 해'라는 알 수 없는 건방진 생각도 들면서 입에서 이 말이 튀어나올 뻔하여 입을 꾸욱 다물었다.

◉ 사실은...

결혼하고 임신을 계획했을 때 첫 결심은 나의 핏속에 있는 마지막 한 방울까지 육아 DNA 모드로 바꾸는 것이었다. 자녀를 잘 키운 노하우가 있는 책을 볼 때면 부모의 그림자를 보며 잘 자란 아이들이 부러웠다. 나는 사실 고등학교를 졸업하고 집을 나오는 순간까지 좋은 부모상을 느낀 적이 없었다. 폭력, 술, 한(恨), 미움, 악다구니가 난무한 가정에서 자랐으니 말이다. 막장 드라마에 자주 나오는 '본 데 없이 자란 저런 애를...'이란 대사가 마치 나를 두고 하는 말 같았다. 그래서인지 나는 가난과 내가 겪었던 가정 문화를 끊어내고 싶었다. 그리곤 엄마라는 이름을 갖게 되는 순간부터 이런 의식적, 무의식적 노력이 시작되었다.

그러나 돌이켜보면, 부모님께서 부정적인 모습만 보이신 것은 아니었다. 아버지는 술을 드시지 않았을 때는 더없이 자상하셨고, 어머니는 강한 생활력을 가지고 계셨다. 특히 어머니는 예의범절을 중요시하시며 어려운 사람들을 돕는 것의 중요성을 늘 우리에게 가르치셨다. 이처럼 부모님에게 물려받은 좋은 마음 터에는 예쁜 꽃과 튼튼한 나무들이 자리 잡고 있었다. 나는 그 꽃들과 나무들을 내 육아 정원에서도 소중히 가꾸기로 했다. 하지만 내 아이에게 맞지 않는 잡초들은 조심스럽게 뽑아내고, 신중하게 모종을 골라 심어야겠다고 생각했다. 부모님의 좋은 점은 그대로 이어받아, 나만의 방식으로 정원을 아름답게 가꿔 나가기로 했다. 행복한 아이로 키우기에 부적절한 부분만 잘라냈다. 어떤 면에서는 존경스러운 부분도 있었기에 부모님의 삶을 완전히 부정할 수는 없었다.

결혼도 싫고, 애는 더 싫어하는 마음이 아마도 어릴 때의 영향이 없지 않았을 것 같다. 어쩌면 결혼이 싫었던 것이 아니라 결혼이 무서웠던 것이 아니었을까?. 그리고 아이가 싫어서가 아니라 아이를 어떻게 키워야 할지 잘 모르겠다는 또 다른 표현이 아니었을까?

◉ 환상 깨지는 책 육아의 세계

모르는 분야를 배우는 최고의 도구는 책이었다. 그래서 나는 아이를 만드는 순간부터 책 육아에 돌입했다.

임신이 확정되자 서점으로 달려가 '임신과 출산', '초보 엄마를 위한 육아 백과사전' 등 영재 육아 관련 서적들을 한가득 샀다. 마치 대학 입학을 앞둔 수험생이 참고서와 문제집을 사들이는 것 같았다. 거실

어쩌다 엄마가 된 어른

한가운데 책 탑을 쌓으며 '이 책들만 다 읽으면 완벽한 엄마가 되는 건 시간문제겠지!' 라는 허무맹랑한 생각도 했다.

그러나 책 육아의 환상은 아이가 태어난 첫날부터 깨졌다. 책에서는 "아이는 일정한 간격으로 수유합니다." 라고 했지만, 내 아이는 방금까지 밥을 먹어 배부른 아이처럼 도통 먹질 않았다. 또 "아이는 일정한 간격으로 울고, 일정한 간격으로 잠을 잡니다."라고 했지만, 그 모든 '일정한' 간격을 무시한 채 자기 마음대로였다.

'부드럽게 흔들어 주기'도 통하지 않았다. 흔들고, 안아주고, 토닥여도 아이는 울었다. '아! 이 아이는 정말 특급이다. 책에 나오는 모든 공식이 통하지 않는 아이를 낳았구나!' 그래서 나는 책을 덮고 직감을 믿기로 했다.

"그래, 너는 특별해. 그러니 나도 특별한 방법을 써야겠지." 라며 아이와의 소통 방법을 찾아나갔다.

그렇다고 책이 전혀 쓸모없진 않았다. 책과 현실 사이에서 균형을 찾아가며, 내 아이에게 맞는 최선의 방법을 찾아가는 과정이 소중했다. 그렇게 나는 엄마라는 이름 아래, 매일 성장해 나갔다.

◉ DNA를 바꿀 생각을 하다니

문득 생각해 본다. 정말 나의 DNA가 바뀐 것일까? 아이들이 나를 바꿔놓은 것일까? 분명한 것은 나는 더 이상 예전의 내가 아니라는 것이다. 엄마가 되면서, 나는 이전에 알지 못했던 사랑과 인내, 그리고 끈기를 배우게 되었다.

엄마라는 이름은 가벼운 것이 아니었다. 그것은 무겁고도 소중한, 세상에서 가장 특별한 이름이었다. 그 이름 덕분에 날마다 아이들과 새로운 추억을 쌓으며, 소중히 간직할 수 있기에, 찰나의 순간조차도 나는 잊지 않으려고 애쓰는지도 모르겠다.

친정엄마는 현재 경증 치매로 매일 약을 드신다. 엄마에게 전화해 가끔 묻는다.

"엄마! 그거 기억나?" 옛날 일들을 재잘거리며 엄마의 기억을 돕는다.

전화를 끊고 매번 기도한다. 내가 치매가 걸린다 해도, 내가 누군지 알아보지 못해도 엄마로서의 DNA만은 남아 아이들과의 추억을 기억하게 해달라고 말이다.

결혼하기 전, 애는커녕 결혼도 무서워했던 내가 이제는 엄마라는 이름이 이토록 익숙해질 줄이야. 반전 가득한 일상이지만, 결국 아이들이 나를 바꿔놓은 것은 부인할 수가 없다. 웃지 못할 해프닝이 가득한 일상에서도, 나는 아이들과 함께 웃으며 성장한다. 결국, 나는 엄마가되었다. 아이들이야말로 나에게 더 많은 것을 가르쳐줬다. 아이들에게 고맙다고 말하려다가도, "너희 덕분에 내가 이 고생이다!" 라고 입이 먼저 말해버리는 사고를 칠 때도 있지만...

"둥아, 이룸아! 엄마 아빠 아들로 태어나 줘서 고마워!"

오늘도 아이가 자기 전, 또는 잠든 귓가에 살포시 말을 건넨다. 새근새근, 콩닥콩닥 심장 소리. 아이의 뛰는 심장 소리를 들으려고 가슴팍에 귀를 기울여 본다. DNA, 굳이 바꾸지 않아도 될 것 같다. 아이를 키우는 순간, 그 아이만의 최적화된 DNA가 자연스럽게 생기기 때문이다.

인정받아 행복할 수 있다면
인정만 하고 살겠네

"김치찌개 어때요?"

어김없이 고개만 끄덕여 주고 마는 남편에게서 시선을 돌린다.

"아들, 스테이크 어때? 레스토랑 같지?"

"네! 엄마 음식이 최고예요!"

"야! 이 짜식들, 역시 내 아들이야! 일부러 엄마 기분 좋아지라고 이렇게 말해주는 것 아니지?"

음식을 하나 해도 나는 인정에 목말라 했었다.

어느 날 머리가 잘 꼬아져 캔디에 나오는 악당 이라이자 같은 머리 스타일이 되면

"아들! 어떻게 어떻게!"

"왜요 엄마? 무슨 일이에요."

"엄마 거업나게 예쁘지? 미치겠다. 이렇게 예쁜 50대 엄마 경화동에서 본 적 있니?"라며 호들갑을 떨었다.

드라이 계의 에르메스 같은 다이슨으로 머리를 완벽하게 스타일링한 후에도 여전히 인정받고 싶은 마음에 목말랐다.

● 나에게 쓰는 편지

원주야!

넌 어릴 때부터 참 인정이 많았어. 남의 아픔도 잘 알았고, 힘들 때도 도와줬잖아. 그런데 왜 인정받는 것에 목말랐던 걸까? 왜 칭찬에 그렇게도 목말라했을까? 그리고 인정하는 것에는 인색했을까? 참 모순된다 그지?

기억나니? 작은외삼촌 농장에 엄마랑 양파 농사지으러 갔을 때, 외삼촌들과 먼 친척들이 내가 듣는 줄도 모르고 했던 말들. 그때부터였을 것 같아.

"언니는 얼굴도 예쁜데 자는 왜 저렇지? 미화는 음식도 잘하는데 자는 왜 저렇지? 미화는 공부도 잘하는데 자는 왜 안 닮았지?"

그 말들이 먼발치에서도 다 들렸어. 그때 막 심은 양파 모종처럼 나의 자존감도 흙 속에 묻혀버린 것 같더라.

또 기억나니?

"원주는 왜 크면 클수록 못 생겨지노?"

문밖에서 듣고 있는 줄도 모르고 큰 오빠와 작은 오빠가 했던 말. 한 손에는 물 주전자를 들고, 다른 손은 문고리를 잡고 서 있었어. 마치 멈춘 시계처럼 움직일 수 없었지. 문 앞에서 뿌리박힌 나무처럼 굳어 버린 그 순간, 온갖 생각들이 머릿속을 스쳐 지나갔지만, 발걸음은 떨어지지 않았어. 생각 같아선 다 엎어버리고 싶었지만 다 들었다는 표현은 끝내 하지 못했지.

"야! 네가 조금만 더 예뻤으면 밥 얻어먹었을 텐데, 못생겨서 라면 얻어먹었다."

대놓고 하는 말을 들었을 땐 내 마음은 어땠는지.

국민학생 때부터 고등학생 때까지 못남의 홍보대사처럼 가족들의 비교 속에 나는 컸던 것 같아. 그래서 인정받는 법은 스스로 자랑을 늘어놓는 거였어. 하지만 말이야, 내가 자랑할 때마다 밤이면 이불 킥을 했어. 그건 내가 받고 싶은 마음들이 아니었음을 알았기에...

무심히 던져진 말들은 얼마나 못난이 돌멩이 같은지. 매끄럽지 못한 못난 돌멩이로 온몸 마사지 받는 그 느낌은 또 어떤지.

'사랑에 빠진 여자가 아름다운 이유는 새 화장품과 원피스 때문이 아니다. 그 대로의 모습을 인정해 주는 사람이 생겼기 때문이다. 그 사람의 사랑 속에서 그녀는 우주에서 가장 아름다운 사람이 된다.'

이 글 기억나니? 언젠가 책을 읽다 이 문장을 보고는 마치 내게 해 주는 말 같아서 가슴이 두근거렸던 거 말이야. 맞아, 맞아, 이게 비법

어쩌다 엄마가 된 어른

인 걸 이제야 알았고, 그래서 지금 나는 행복해지고 있는 게 아닐까?

내가 지금 예뻐 보이는 이유는 명품 화장품을 써서도 아니고, 큰맘 먹고 백화점에서 산 원피스를 입어서도 아닌 것 같아. 거울 속 나를 진정으로 사랑하게 되면서부터인 것 같아. 스스로를 바라보는 눈이 바뀌었기 때문이지.

마음속 똥 찌꺼기들을 걷어내느라 꺼이꺼이 울었던 날, 퉁퉁 부은 얼굴조차 아름다워 보였어. 눈물과 콧물이 범벅이었지만. 눈빛만큼은 갓 태어난 아기 같았거든. 내 눈에 콩깍지가 쓰인 날이 아마도 그날인 것 같아. 이제 나는 더 이상 세상의 인정만을 바라지 않게 되었어. 그래서 너에게 하고 싶은 말이 있어.

원주야! 너를 사랑하자. 네가 얼마나 중요한지 잊지 말자. 스스로에게 부드러움을 주는 것부터 시작해 보자. 이 변화가 결국 너를 밝게 만들고, 함께 하는 사랑하는 이들도 밝게 만들어 줄 거라 믿고서 말이야. 그러니 너에게 늘 '변함없는 사랑과 인정'을 가장 먼저 선물하자. 그러면 네가 뭘 해도 예뻐 보일 거야. 굳이 표현하지 않아도 말이야.

사랑해, 너. 그리고 잘 살았어. 애썼어. 이건 지구가 돈다는 것보다 더 진실한 사실이야. 적어도 나는 이걸 아니까. 나만이라도 너를 인정해 줄게. 예쁜 미소를 지으며 힘차게 말이야. 그러니 어깨를 펴고 세상 밖으로 나가봐.

방법을 알려주면 그냥 했어

"잘 모르겠으면 '항상 행복한 나'님이 올린 차트를 보세요 가장 이 이론과 맞는 것만 찾아내십니다."

약간의 투자금을 모아 주식을 시작한 후, '항상 행복한 나' 란 필명을 가지고 숫자 놀음을 한 지 10년 차에 나는 세 번째 멘토에게 인정받았다.

◉ 핑계 대지 마! 문제는 항상 너잖아!

이전에도 나에겐 두 명의 대단한 멘토가 있었다. 첫 번째 멘토는 내가 속한 카페의 주인이자, 이 분야에서 이미 널리 알려진 전문가였다. 그분의 글은 특히 마음가짐을 다잡는 데 큰 도움을 주었다. 그러나 주식 차트는 나에게 여전히 미지의 세계였다. 여러 번 차트를 보고 분석 글을 읽어봐도, 마치 중학생이 서울대 교수에게 수학을 배우는 듯한 기분이었다. 너무 어렵게 느껴졌고, 내 머릿속엔 늘 혼란만 가득했다.

어쩌다 엄마가 된 어른

그럼에도 불구하고, 그분이 내 글에 댓글을 달아줄 때면 심장이 떨리고, 그 기쁨에 잠을 설칠 정도였다. 그 작은 인정 하나에도 나는 한없이 기뻤다.

두 번째 멘토는 몇 안 되는 여성 주식 단타 전문가였다. 수익 이야기가 주를 이루는 주식 카페에서 돈 이야기가 아닌 살아가는 이야기나 진솔한 글을 종종 올리는 내 글이 좋은지 먼저 손을 내밀어 주셨다. 사는 모습이 이쁘다고 여행도 같이하면서 맛있는 밥도 사주셨다. 어린이날과 크리스마스 날이면 아이들 선물도 보내주셨다. 그분이 보내주신 크리스마스 트리는 지금도 매년 설치한다. 큰아이가 초등학교 입학 때 사준 시계는 졸업할 때까지 아이의 시간을 지켜주었다. 그렇게 마인드가 쌓여 일정 금액을 지불하면서 배움 반 매매 반을 이어갔다. 매일 8시 40분이 되면 컴퓨터 앞에 앉아 그날의 종목 분석 글을 보면서 단타 매매를 시작했다. 9시 정각이 되면 손가락은 빛보다 빨라야 했다. 매수 후 30초 또는 1분 만에 매도하는 스켈핑(Scalping)도 가끔 했기 때문이었다.

'나의 매수 금액이 깡패다.'라는 주식 계의 속설이 있다. 이 말처럼 어떻게든 싸게 매수해야 심리적으로 안정할 수 있는 그 무엇이 존재했기에 손가락은 누구보다 빨라야 했다. 하지만 어느 순간 배움은 온데간데 없어지고 알려주는 종목과 분석 글만 날름날름 받아먹는 매매만 이어가기 시작했다.

이분과의 인연은 좋은 점도 있었지만, 상처도 자주 입었다. 순간순간 나를 의심했기 때문이었다. 주식을 하는 사람들은 별의별 방법으로 접근하는 사람들이 많다고 하셨다. 돈과 욕심 앞에서 얼마나 추해질 수 있는지를 많이 보아 상처가 많으신 분이셨다. 이러한 경험 때문인지 가끔 나를 의심할 때면 억울함에 미칠 지경이었다. 어느 해 친정엄마가 아프셨을 때에도 내가 간호하는 상황조차 의심했다. 나를 만나기 전, 어떤 아기 엄마가 이와 같은 이유로 이 분을 이용한 적이 있다고 했다. 그 아이 엄마의 수법은 이러했다. 아침 일찍 올려주는 종목과 분석 글을 다른 유료 콘텐츠 또는 동호회 쪽으로 빼돌리는 수법으로 말이다. 이 멘토님과의 관계는 내가 먼저 손을 놓았다. 오해를 받기 싫기도 했지만, 솔직히 가장 큰 이유는 실력 차이였다. 이처럼 특별한 인연을 끊는 건 쉽지 않았다. 그러나 곁에 있기만 해서는 실력이 나아질 거라는 착각에서 벗어날 필요가 있었다. 주는 종목을 그저 받아들일 뿐이었으니. 그분과의 관계를 정리하면서, 나는 비로소 깨달았다. 주식을 10년 넘게 했음에도, 여전히 누군가의 6개월 실력에도 미치지 못했다는 사실을.

🔘 내 손으로 찾아야 진짜 내 것이 되는 건가?

마지막으로, 스스로 나의 상황에 맞는 멘토를 찾아 제대로 공부해보자는 오기가 생겼다. 그때, 세 번째 멘토를 눈여겨보게 되었다. 직장인이면서 사외이사 3개를 겸하고, 아이를 키우는 아빠. 그래서 단타

어쩌다 엄마가 된 어른

NO, NO, 스켈핑은 더더욱 NO, NO, NO.

한 번 사놓으면 한 달간 지켜보는 매매법이었다. 이분에게서 배운다고 뾰족해질까? 아니었다. 빨간 건 매수, 파란 건 매도 차트 봉이라는 인식부터 다시 시작해야 했다.

무엇보다 문제는 재미있어서, 하고 싶어서 하는 것이 아니었기에 차트를 보는 것이 싫었다. 인형 눈알 붙이기나 밤 깎는 부업 같은 것으로는 매달 돌아오는 아이의 병원비를 대체할 수 없었기에, 배운 게 도둑질이란 말처럼 매매를 했다. 마음도, 영혼도 없는 매매였다. 딱 더도 덜도 아닌 그것이었다.

그런데 변화가 생겼다. 이 시점에 하브루타를 알게 되면서 말이다. 특히 전성수 님의 책, '부모라면 유대인처럼 하브루타로 교육하라.'의 한 문장에서 뒤통수를 맞는 순간이 찾아왔다. 방법과 방향성, 그리고 효율성에 대한 이야기였다. 책에 감동한 나는 주식을 하는 마음 자세도 바뀌었다. 예전과 다르게 손실이 나도 배움이 있었고, 그 안에서 미래가 보였다. 수익이 날 때보다도 기분이 더 좋았다. 그렇게 천천히라도 연습해 나가기로 스스로 다짐했다.

지금은 다른 사정으로 주식을 잠시 내려놓았지만, 그 강렬했던 경험 덕분에 이후로는 어떠한 일에 대해 받아들이는 나의 시선이 달라졌다. 새로운 상황이 생기면 분석하고 대응하는 삶의 속도와 관점도 함께 변화했다. 또한 새로운 일을 배우거나 경험할 때 '내 스타일이 아닌데?', '나는 할 수 없어.' 같은 부정적인 핑계를 더 이상 하지 않게 되었다.

이제는 '일단 해봅시다.' 라는 우리 집 가훈처럼 성공한 사람이 방법을 알려주면 먼저 행동으로 옮기는 사람으로 변했다. 일단 해보고, 그 다음에 결정하자고 말이다.

◉ 글 한 줄이 주는 결정적 순간들

인생이 바뀌려면 큰 경험이 필요할 때도 있다. 하지만 나처럼 글 한 줄이 인생을 바꿔 놓는 순간도 있다. 생각하기도 싫은 부정적인 경험도, 좋은 경험도, 또래보다 제법 많이 겪었다고 생각했다. 이런 나를 문장이 바꾼 건지, 아니면 바뀔 시기가 되니 비로소 문장들이 내게 말을 걸어온 건지 아리송하지만 말이다. 중요한 것은 지금은 책 하나를 볼 때도 눈을 부릅뜬다는 것이다. 다른 이의 행동을 볼 때도, 말을 들을 때도 마찬가지다. 왜냐하면 삶은 언제, 어떻게, 어떤 방식이라고 내게 친절하게 예고해 주지 않았기 때문이다. 그래서 오늘도 눈을 부릅뜨고, 올바른 방향성을 가지고, 효율적인 방법을 찾기 위해 노력한다. 힘들 때면 하루에 세잔, 넉 잔의 카페인 친구의 힘을 빌려보자며 핑계도 대면서 말이다.

어쩌다 엄마가 된 어른

5

어쩌다 태어난 아이

며칠째 새벽 3시에 잠이 들었다. 하브루타 강의와 1인 기업가라는 명함을 만들어준 오픈 채팅방에서 특강 준비로 눈코 뜰 새 없었다. 그러던 중 갑작스럽게 강의 요청이 들어왔다. 이미 바쁜 일정이었지만, 기회를 주신 분께 감사한 마음이 컸기에 흔쾌히 수락했다. 그래서 또다시 밤을 지새우며 PPT를 완성했다.

내가 사는 지역의 축협 강의실에서 중학교 1학년 남자아이들을 대상으로 강의하게 되었다. 강의가 끝나고 주섬주섬 물건들을 챙길 때, 뜻밖의 강의 후기 선물을 받았다.

강의 들었던 ㅇㅇㅇ입니다. 처음 오셨을 때 범상치 않은 아우라가 느껴져서 대단한 분이신 줄 알았어요. 역시 제 예상대로 작가이시기도 하고, 동시에 교수님 같았어요! 이해가 잘 되어서 교수님 하셔도 될 것 같습니다.

– 중1 김모군

선생님이 가르쳐 주신 덕분에 경제에 대해서 많은 것을 알게 되고, 또 경제에 대한 좋은 생각을 가지게 되었습니다. 부자나 사장이 되는 것은 나와는 거리가 먼 것으로 생각했는데 오늘 알려주셔서 꿈은 크게 가지고 포기하면 안 된다는 것을 알게 되었습니다.

– 중1 박모군

오늘 은행이라는 것만 알려주실 줄 알았는데 경제에 대해 알려주셔서 감사합니다. 그리고 재미있었던 점은 저희를 사장님이라고 불러 준 게 재미있었습니다.

– 중1 최모군

마치 꽃 선물을 받아 든 사람처럼 기분이 좋았다. 엽서 후기를 가방에 넣고 출입문을 열었다. 훅하고 때 이른 여름 습기가 계단을 타고 2층까지 올라왔다. 그 무더운 습기도 기분 좋게 느껴졌다. 아침부터 열심히 드라이한 반곱슬머리가 장마철의 습기와 더위로 꼬글꼬글해져 조금 우스꽝스럽게 변했지만 말이다.

늦은 밤 가방을 정리하다가 다시 후기를 보며 미소가 절로 나왔다. 각자 특색 있는 글씨체에 순수한 마음이 가득 담긴 글들이었다. 어떤 아이는 POP 글씨를 배운 것 같았고, 또 다른 아이는 캘리그래피에 타고난 재능이 있는 듯, 고개를 갸우뚱해야 겨우 알아볼 수 있는 독특한 글씨체를 가지고 있었다.

'내가, 이 맛에 상사맨을 하는 거지.' 라고 드라마 '미생'의 어느 과장 님의 대사처럼 애써 끝 글자에 힘을 주며 내게 말을 걸었다.

'내가, 이 맛에 강의하는 거쥐!'

● 어쩌다의 기적

어쩌다 강의하는 사람이 되었다. 어쩌다 글을 쓰는 사람이 되었다. 어쩌다 엄마도 되었고, 어쩌다 며느리도 되었다. 어쩌다 만든 음식이 최고의 맛을 내기도 하고, 어쩌다 한 행동이 사랑을 받기도 했다. 어쩌다 본 책이 강의 주제가 되었고, 쇼츠가 글감이 되기도 했다. 그리고 비밀 아닌 비밀이지만 강의 주제가 당일 오전에 어쩌다 본 유튜브에서 착안 되기도 했다. 이렇게 어쩌다 들은 내용은 몇 달을 고심한 강의보다 더 멋진 호응을 끌어내기도 했다.

나는 어쩌다 '울 엄마 아빠의 딸'로 태어났다.

기를 써도 안되는 경우가 많았다. 미친 듯이 벗어나려 해도 내 힘으로 벗어나지 못하는 상황이 더 많았다. 숨이 막혀 들숨 날숨으로 가슴만 오르락내리락하며 버티는 날이 더 많았다. 이런 날은 2% 부족한 산소의 갑갑증을 절실하게 느끼곤 했다.

어쩌다 크게 쉰 숨 한 번이 한 해 한 해 나를 살게 해 주었다. 마치 어쩌다 내리는 한여름 소나기처럼. 나를 '어쩌다 태어난 나' 라고 말해주고 싶다. 그렇게 부르면 행운으로 가득 찬 아이 같기 때문이다.

'어.쩌.다' 이 말은 나에게 네잎 클로버처럼 많은 행복한 순간들을 만들어주었다.

● 로또는 글쎄, 노력은 확실히

매주 로또를 산다. 많을 땐 1만 원, 적을 땐 행운의 1달러처럼 천 원어치 구매하지만. 어느 누군가는 로또를 사지 않는다고도 말했다. 로또는 행운이라곤 손톱만큼도 없는 사람에게 최후의 보루로 준 신의 선물 같은 것이기에 자신은 사지 않는다며 말이다. 그런데 난 이 로또를 매번 산다. 어쩌다 2등이 걸리길 바라는 마음으로 말이다.

1등은 솔직히 바라지 않는다. 1등은 뭔가 머릿속이 복잡해질 것 같은 돈 계산, 사람 계산을 해야 할 것 같기 때문이다. 그러니 어디 소문내지 않고 사용하기 딱 좋은 금액이 2등 같아서 2등 만을 바라며 구입한다. 그러면서 어쩌다의 행운을 또 빌어본다.

지금은 어쩌다 오픈카톡방 방장이 되었다. 누군가는 나를 1인 기업가라고 말한다. 이것 또한 어쩌다 들은 무료 특강이 만들어준 행운 중 하나다.

처음에는, 이 행운이 손에 들어왔지만, 고민만 깊어졌다. 마치 1등로또 당첨자처럼 말이다. 왜냐하면 1인 기업가로서 모든 것을 혼자서 경영해야 했기 때문이다. 광고 마케터가 되어야 했고, 글을 쓰고 제품을 홍보하는 홍보팀도 맡아야 했다. 강의를 섭외하느라 영업사원이 되

어쩌다 엄마가 된 어른

기도 했고, 재무부와 회계 감사팀까지 필요함을 느끼며, 하나씩 배워 나가려니 숨이 찼다.

이렇듯 어쩌다 걸려든 행운도 진행하다 보면 힘이 드는 경우가 많다는 것을 알게 되었다. 그런데 참 신기하게도, 이 행운을 통해서 해야할 일들은 힘이 들어도 즐거울 때가 더 많았다. 작정하고 준비하는 것보다 오히려 이런 마음이 드니 참 묘한 일인 것 같다.

◉ 어쩌다, 내 삶의 조각

어쩌다 굴러온 행운 같은 경험들이 정말 내 능력 밖의 일이었을까? 하는 의문도 가끔 해 본다. 어떤 일은 태어나 처음으로 알게 된 것도 있고, 또 어떤 일들은 미루고 미루었던 일이 이제는 막다른 골목이라 해야 하는 일도 있었다. 그러나 대부분 하는 일들이 조금씩 맛을 본 일들이 더 많았던 것 같다. 아니면 작정하고 배워서 계속 나눔을 해 왔던 일들도 있었다.

이런 일련의 일들을 볼 때 행운이라고 말하는 것들은 어쩌면 결국 만날 일 아니었을까? 행운도 불행도 사람이 하는 일이니, 오늘도 어제도, 아마 내일도 나는 내 자리에서 꾸준히 내 삶을 그려나갈 것이다. 그러다 다시 만나겠지. 어쩌다 빵 터질 행운을. 그땐 잡은 행운이 덜 힘들게 오늘 내가 할 일들은 미루지 않고 최선을 다해야겠다는 결심도 해본다.

요즘은 우연히 찾아온 기회들을 통해 내 삶이 얼마나 풍부해졌는지 되돌아본다. 그러면 온통 감사한 마음뿐이다. 이 모든 경험이 나를 더욱 단단하게 만들어주었고, 삶의 모든 순간이 의미 있음을 깨닫게 해주었기 때문이다. 앞으로도 계속될 도전 속에서 나는 내 안의 힘을 믿고, 어떤 상황에서도 나다움을 잃지 말자고 오늘도 작은 결심을 해본다.

에필로그

나에게 글의 의미는

어느 작가님은 매일 10분이라도 글을 쓰신다고 하셨다. 책을 내고도 꾸준히 글을 쓰는 그 모습이 나와는 달라, 그날 나는 스스로에게 질문을 던졌다. '작가는 매일 글을 써야만 작가일까? 그럼 난 작가가 아닌가?' 라며 전화를 끊은 후, 한나절 내내 이 질문이 나를 괴롭힌 적이 있었다.

사실 '난 작가가 아닌가?' 라는 질문보다 '내가 진짜 작가인가?' 라는 질문을 했던 것 같다. 책을 출판했지만, 작가라는 느낌이 없었기 때문이다. 내가 생각하는 '작가'란 J.K. 롤링의 해리포터 같은 로망이 가득한 재미난 글이나, 박경리 작가님의 토지 정도는 써야 한다고 생각했기 때문이다. 그래서 누군가가 나를 작가라고 부르면 어색했다.
'제가 무슨 작가예요. 부끄러워요.' 라는 말 속에 겸손이 아니라, 스스로 작가로 인정하지 않았기 때문이었다.
하지만 이번 별글을 쓰면서 느낀 점이 많았다. 다른 작가님들이 글을 쓴

다는 것이 어떤 의미인지는 모르겠지만, 적어도 나에게 글을 쓰는 의미는
이제야 분명해졌기 때문이었다.

글은 힐링이다. 이렇게 표현하려니 솔직히 너무 평범한 것 같아, 다른 표
현을 고민해 보았다. 책 속 한 문장에서나 나올 법한 멋진 단어나 문장으
로 소위 '있어 보이게' 포장할 수 없을까 하는 생각이었다. 그러다 떠올랐
다. 나에게 있어 글은 '또 다른 인생의 문이다.' 라고.
엘리스가 들어간 토끼 굴 같은, 또는 나니아 연대기의 옷장 같은 문. 옷장
문이 아니더라도, 그 문손잡이만이라도 충분하다. 글을 쓰는 순간, 현실
을 넘어 또 다른 세상으로 나를 데려다주었으니 말이다. 글을 쓸 때는 행
복했던 순간들로 돌아가거나, 때로는 우울하고 절망적인 인생의 한 부분
에 잠시 머물게도 해주었다. 가끔은 내가 꿈꾸는 미래의 장소로도 친절하
게 안내해 주곤 했다.
별글 모임을 몇 개월간 이어오면서 처음엔 의리 같은 느낌이 강했다. 내
가 좋아하는 작가님과 함께 글을 쓰고, 시간을 공유한다는 것만으로도 작
은 행복이었다. 그런데 신기하게도, 조금씩 특별한 감정이 생겨나기 시작
했다. 과거, 현재, 미래를 넘나드는 이 별 글에서 그날의 마지막 키보드를
두드리는 매 순간, 내게 같은 메시지를 건네주었다.

'넌 글을 쓰고 있을 때 행복하다'고 말이다.

어쩌다 엄마가 된 어른

글을 쓴다고 꽁보리밥 한 그릇 나오는 것도 아니고, 근사한 레스토랑에서 스테이크를 먹을 수 있는 것도 아닌데, 이게 대체 뭐길래 나에게 행복을 주는 걸까? 내가 행복을 느끼는 일은 무엇일까? 내가 잘하는 일은 무엇일까? 그 답을 찾지 못해 어느 날 남편 손을 잡고 점집에 앉아 있었던 적도 있었다. 이런 경험이 거의 없다 보니, 남편과 멀뚱히 서로 얼굴만 바라보며, 무언의 눈빛으로 '자기가 먼저 질문해요.' 라고 협박하듯 신호를 주고받았다.

그날, 담담함과 답답함 사이에서 바짝 마른 목소리로 겨우 말했다.
"저... 제가 왜 왔냐면요? 음... 제가 뭘 잘하는지 몰라서 왔어요. 뭘 잘하는 사람인지도 알려 주시나요?" 그랬던 내가 글쓰기를 좋아한다는 것을 깨달은 새벽녘은 어찌나 기분이 좋던지. 새벽 2시가 넘었는데도 나에게 달달한 커피까지 뜨겁게 내밀 정도였으니 말이다. 그날 점집에 지불한 5만 원이 이제는 전혀 아깝지 않은, 그런 새벽이었다. 이젠 글을 더 자주 써야겠다는 생각이 든다. 어쩌면 나는 어느 작가님께 "작가님 글을 매일 쓰시나요?" 라는 오지랖을 피울지도 모르겠다. 이렇게 행복한 일을 찾은 내가 참 신기하고 기쁘다.

인생의 문고리를 잡고 살짝 밀쳐 그 문을 열었을 때, 어떤 세상과 기억 속에 서 있는 나를 발견할 때가 있을 것이다. 어떤 글은 이해하지 못할 수도 있겠지만, 적어도 나는 나만의 행복한 문을 찾았으니 참 다행한 인생이란 생각도 든다. 이 얼마나 감사한 일인지. 아직 자신의 문을 찾지 못해 고민하는 아들도, 그 문을 꼭 찾길 바라는 마음이 간절하다.

"아들, 남편, 나 찾았어. 내가 좋아하는 일을!"
이렇게 중얼거리며 살짝 모니터 화면을 바라본다. 솔직히 말해, 글을 더 잘 쓰고 싶은 욕심도 생긴다. 하지만 지금은 그저 행복하게 글을 쓰는 사람으로 남아만 있어도 참 좋겠다 싶다.

어쩌다 엄마가 된 어른

'신이 계신다면 분명 나에게도 쓸만한 재주 한두 개쯤은
만들었을 텐데' 라며 매번 자신감 없는 마음만 가득한 것 같다.
가장 소중한 나를 돌아보지 않고 계속 주변으로만 시선을 돌리며 살았다.
생각 없이 다른 사람들의 행동을 쫓아가고 부러워하기에만 급급했다.

살아가는
이야기

◆ 별담(김민경) ◆

삼성전자 22년차 (2003년 입사)

- 이메일 : catherine0709@naver.com
- 인스타그램 : https://www.instagram.com/bongbong5646
- 블로그 : https://blog.naver.com/catherine0709
- 유튜브 : https://www.youtube.com/@minkyungkim5673

출산 방법이 뭐라고

◉ 새 생명이 찾아오다

"여보, 나 임신인가 봐."

테스트기의 진한 두 줄이 선명했다. 주말부부를 청산하자마자 첫 아이가 선물처럼 찾아왔다. 임신 후 얼마 되지 않아 우연히 '울지 않는 아기'라는 영상을 보게 되었다. 영상에서는 산부인과에서 아이를 출산할 때 간호사들의 손에 이끌려 여러 검사가 진행되는 모습이 보였다.

오랜 시간 어둡고 조용한 엄마 배 속에 있었던 아가가 낯설고 시끄러운 소리, 눈을 뜰 수 없이 밝은 조명들 사이에서 얼마나 많은 두려움을 느낄까? 익숙했던 엄마의 심장 소리와 떨어진 아이의 불안함, 그 느낌을 알겠기에 영상을 보는 내내 마음이 불편했다. 이런저런 실험 결과들을 보여주며 지금 막 태어난 아기가 큰 고통을 받고 있다고 설명했다. 영상의 내용이 뇌리에 박혔다. 이후 나와 남편은 태어날 아이에게 고통을 주지 않을 자연스러운 출산을 찾아보자는데 의견이 일치했다. 그래서 선택한 것이 조산원이었다.

그러나 출산 방법을 선택하면 출산까지 쉬울 줄 알았는데 낳을 때까지 산 넘어 산이었다.

"왜 병원이 아니야?"

"위험한 상황이 발생하면 어쩌려고 그러냐?"

부모님을 이해시키는 게 첫 번째 관건이었다. 다음은 지인들이다. 보통 임신했다 하면 어느 병원을 다니는 지, 산후조리는 어디서 하는 지, 왜 이런 게 궁금할까 싶은 질문들이 쏟아졌다.

"아직도 조산원이 있어?"

"왜 병원에서 낳질 않고 생소한 곳에서 출산하려는 거야?"

질문들이 계속된다. 우리 부부는 가족을 설득하고 지인들의 질문에 답하며 조산원에서의 출산 전도사가 되었다.

조산원은 병원과는 다르게 아늑하고 편안한 분위기였다. 따뜻한 조명과 아로마오일 향이 감도는 방이어서 우선 마음이 편안해졌다. 첫 출산이었지만 남편과 조산사님이 함께여서 안심이 되었다.

오랜 진통에도 아이가 나올 기미가 없자 조산사님이 "남편분, 여기 오셔서 아내분 허리를 잡아주세요. 마사지도 해주세요." 하시며 친절하게 배려해주셨다. 덕분에 출산 과정에서 느껴지는 모든 감각을 온전

살아가는 이야기

히 받아들일 수 있었다.

해가 떠 있는 동안 진통을 겪어내고 저녁 무렵 큰 아이가 세상에 나왔다. 신기한 새 생명. 표현할 수 없는 감동. 건강한 아이. 품에 쏘옥 안기는 아이. 남편과 나는 누가 먼저랄 것도 없이 눈물을 흘렸다. 그때까지도 탯줄은 계속 연결되어 있었다. 한참 동안 우리는 서로의 체온을 느꼈으며, 아이의 심장 소리와 우리 둘 심장 소리가 하나로 합쳐져 어느 때보다도 더 힘차게 뛰었다.

● 다른 생명이 찾아 오다

큰 아이를 낳은 후 3년이 지난 어느 날이었다.

"엄마, 나는 왜 동생이 없어요?"

"동생이 있고 싶어요."

네 살 큰 아기가 한참을 동생 타령하던 그때! 선물처럼 작은 아이가 찾아왔다. 우리 부부는 큰 아이 출산 경험이 만족스러웠기에 다른 출산 방법은 아예 생각조차 하지 않았다. 우리는 둘째도 자연주의 출산을 선택했다. 그리고 조산사님께 인사드리기 위해 예전 조산원을 다시 방문했다. 이미 한차례 경험했던 과정들이어서 모든 일이 순조로울 것으로 생각했는데 다른 상황이 펼쳐졌다. 태아 검진을 받으려 병원을 방문했을 때 전치태반 진단을 받았다.

"전치태반이요? 그게 뭐예요?"

전치태반은 태반이 아이보다 앞에 있어 자궁 입구를 막는 상황으로, 생명에 위험을 줄 수 있다고 말씀하셨다. 결국, 자연분만이 어렵고 제왕절개가 필요하다는 것이었다. 순간, '왜 하필'이라는 마음과 함께 탄식이 터져 나왔다. 우리는 태반의 위치가 바뀔 가능성을 염두에 두며 기다려보기로 했다.

그러나 태반 위치가 바뀔 거라는 기대는 희망으로 이어지지 않았다. 임신 7개월쯤에 갑자기 피가 비쳤다. 예전 기억이 떠올라 무서웠다. 사실, 우리 부부에게는 큰아이와 작은아이 사이에 찾아왔던 아이가 한 명 더 있었다. 열심히 회사 생활과 육아를 하느라 찾아온 아이를 너무 늦게 알았고, 그렇게 소중한 아이는 스치듯 떠나갔다. 그때 흘렸던 피의 색과 너무 비슷해서 순간 눈물이 나왔다.

바로 산부인과에 전화하고 달려갔다. 의사 선생님은 태반이 점점 눌리고 있으니 매우 조심해야 한다고 말씀하셨다.

"출산일까지 거의 누워있어야 합니다."

"겨우 가벼운 걷기만 가능하다고 생각하면 됩니다."

"조금이라도 피가 비치면 바로 내원하세요." 라고 여러 차례 당부하셨다. 우리는 어쩔 수 없다는 것을 알았지만, 작은 아이에게 계속 미안한 마음이 들었다. 자연주의 출산을 하지 못하는 상황에서 아이를 위해 최대한 조심하는 것이 내가 아이에게 해줄 수 있는 최선이었다.

'이렇게 많이 누워있었던 적이 없다' 라고 할 만큼 누워있었다. 열심

살아가는 이야기

히 노력했지만 둘째 아이는 예정보다 일찍 그리고 작게 태어났다.

● 모든 생명은 소중하다

둘째 아이가 세상에 나오던 날, 의료진들은 시간마다 뱃속 아이와 나의 건강 상태를 꼼꼼히 체크 하셨다. 그 과정에서 산모인 나를 향한 친절한 배려가 전해져 안심이 되었다. 수술실로 들어가기 전, 남편이 내 손을 꼭 잡고 "괜찮을 거야" 라고 말해주었다. 그렇게 수술은 빠르게 진행되었고, 작은 아이의 울음소리를 들었을 때, 나는 안도의 숨을 내쉬었다. 수술 후 회복 과정이 조금 힘들었지만, 남편과 가족들의 보살핌으로 잘 이겨낼 수 있었고, 작은 아이에 대한 미안한 마음도 점점 사라져갔다.

큰 아이와 작은 아이의 출산 방법은 서로 다르지만, 두 아이 모두 우리에게 큰 기쁨과 사랑을 안겨주었다. 조산원의 자연주의 출산과 산부인과의 제왕절개, 이 두 경험은 나에게 출산의 다양한 면모를 보여주었다. 첫 출산에서는 자연의 힘과 나 자신의 내면에 집중할 수 있었고, 두 번째 출산에서는 의료 기술의 중요성과 안전성을 실감할 수 있었다.

출산 방식이 무엇이든 가장 중요한 것은 아이들이 건강하게 태어났고, 현재 사랑 속에서 자란다는 사실이다. 오늘도 나는 두 아이와 소중한 시간을 함께하고 있다.

나라고 리더가 되고 싶었겠니?

◉ 제발 리더의 자리는

나에게는 아직도 참 낯설고 힘든 자리가 있다. 바로 '리더' 라는 자리이다. 한 해 한 해 직장에서 연차가 올라가면서 프로젝트 리더 자리 제안도 함께 늘어간다. 리더 울렁증이라 설명하면 맞을까? 앞에 나서서 목소리를 내는 일이 두렵다. 리더가 아닌 팀원으로 도움을 주는 게 익숙하다. 묵묵히 맡은 일을 해나가면서 결과물을 만들어 내거나 공동의 목표를 향해 달려갈 자신은 있다.

왜 조직에서 함께하려면 한 번씩은 리더를 맡아야만 하는지. 두려운데 또 거절 못 하는 성격이라 참 힘들다. 언젠가는 한 번도 해본 적 없고 어렵다고만 생각했던 프로젝트를 맡게 되었다. 걱정이 많이 되어 밤에 잠들기도 어려웠고, 죄송하지만 못하겠다고 말하고 그만두고 싶었다. 이런저런 안되는 이유를 생각하며 걱정하고 불안해했다.

살아가는 이야기

"나 지금 뭐 하고 있는 거지?"

나도 모르게 입 밖으로 튀어나온 말에 내가 더 놀랐다. 순간 나 자신이 한없이 초라하게 느껴졌다. 힘내라고 최대한 잘 협조해 주겠다며 한번 해보자고 용기를 주었던 팀원들 보기에 민망했다. 팀원들의 응원에 대한 보답으로 시작했지만 스스로 부정적인 생각을 고쳐먹고자 도전하기로 했다.

◎ 리더 자리는 나만 잘났다고 굴러가는 자리가 아니다

리더의 가장 큰 덕목은 봉사심이라고 생각한다. 어쩌면 그 훌륭한 마음이 내게 부족해서, 그 자리가 더 힘겹게 느껴졌는지도 모른다. 팀 프로젝트에서는 팀워크가 생명이다. 팀원 각자의 일정을 조율하고 자료를 취합하는 일이 끊임없이 이어진다. 미리 마감 기한을 공지해도 늦는 사람들이 있으면 소심한 성격인 나는 조심스레 응답을 하지 않은 직원들의 자리를 찾아가서 상황을 살피기도 한다. 다른 일로 바쁜 건 아닌지, 언제까지 자료를 넘겨줄 수 있는지 마감 일자를 다시 알려주고 데드라인 일정을 공유한다. 작은 행동들에서 '이거 정말 내 일 맞나?' 라는 생각이 들곤 했다.

그런 경험들로 인해 리더의 자리는 많은 시간을 요구하지만, 대단한 일을 하는 것도 아니라고 느껴질 때가 많다. 그저 남들보다 조금 더 많은 불편을 감수하는 자리라고 생각된다. 일을 함께하다 보면 대화를 나누게 되고 '나만 부담이 아니었구나.' 하며 서로 공감하게 된다. 리더로서의 몇 달은 힘들었지만, 그 속에서도 나에게 전달된 배움이 존재한다. 우리는 팀이다. 혼자 끙끙대지 말고 함께 공유하자. 여러 생각이 모이면 더 나은 결정으로 빨리 목적지에 도착할 수 있다. 그리고 다시 주변을 돌아보게 된다. 조금 더 친밀해지면서 그렇게 소중한 인맥이 쌓인다.

◉ 마감일은 분명히 존재한다

프로젝트를 맡으면서부터 퇴근이 늦어졌다. 집안일은 고사하고 아이들을 제대로 챙기지 못하는 날이 많았다. 매일 발을 동동 구르며, 자주 남편과 목소리를 높이기도 했다. 회사 일도 힘들고 집안도 엉망이 되어가니 도망가고 싶기도 했다.

그러나 이것 또한 지나가리라. 프로젝트의 마감일은 분명히 존재하며, 성공이든 실패든 끝이 있기에 다시 힘을 낼 수 있는 원동력이 된다.

힘든 시간이었지만 프로젝트가 끝나던 날, 참 기뻤다. '해냈다! 그것도 이슈 없이 잘 마쳤다!' 스스로에게 뿌듯함을 느낌과 동시에 자신감도 한 뼘 더 자랐다.

"민경님, 고생 많았어요."

"열심히 하신 거 이미 다 알고 있어요."

함께했던 팀원들이 찾아와서 말해주는데 순간 벅차올랐다. 선후배

살아가는 이야기

동료들의 인정을 받으니 그동안의 모든 힘듦이 눈 녹듯 사라졌다. 아이들을 챙겨야 해서 저녁 회식 자리는 자주 빠졌었는데 프로젝트 마지막 날 회식은 끝까지 함께했다. 함께 고생한 동료들과 회포를 풀고 싶었다. 돌아가며 그간의 이야기를 나누는 시간이 전혀 피곤하지 않았다. 시작은 두려웠지만, 마무리를 짓고 보니 얻은 점이 더 많은 것 같다. 약간의 자신감과 결이 맞는 팀원을 보는 눈이 조금은 생긴 것 같다. 아직도 많은 부분에서 마음속 못난 생각들이 올라오고 있지만, '이번의 성공 경험으로 다른 성공도 이룰 수 있지 않을까' 라는 희망도 함께 자랐다.

◉ 제발 집에선 리더 안 할래요

회사의 리더 자리는 유한이지만 집에서는 무한이다. 집에서의 나는 언제나 아이들의 리더가 된다. 이 자리 또한 내가 원하는 것보다 더 많은 에너지를 소비하게 만드는 것 같다. 사실 더 힘들다. 나와 결이 맞는 팀원은 고를 수라도 있지! 아이들은 차원이 다른 존재이다. 그래서 엄마라는 리더의 자리는 부담스럽다. 아무리 외쳐봐도 소용없는 걸 알면서도 소리 없이 외치곤 한다.

'제발 집에서만은 리더 안 할래요.'

그럼에도 불구하고 여전히 사랑스러운 아이들이 좋아서 또 다른 리더의 의자를 들고 집으로 향한다.

부캐까지는 아니지만

◉ 흑역사는 못참지

학창 시절, 내가 잘하는 과목과 못하는 과목이 극명하게 나뉘었다. 잘하고 못하고의 기준은 단연코 시험 성적이었다. 잘하는 과목의 순번을 정해 줄을 세운다면 수학, 영어, 과학, 국어였다. 못하는 과목은 체육, 미술, 세계사, 국사였다. 지나고 보니 내가 잘했던 과목은 선생님이 좋았다.

그러나 내가 못했던 과목은 선생님도 싫었다. 참으로 호불호가 강했던 나다. 최애 과목중 수학 선생님은 나조차 편애가 느껴질 정도로 나를 참 예뻐해 주셨다. 종종 교무실에 따로 불러 문제집을 챙겨주시며 다음엔 이것도 공부해 보라고 권해주시기도 하셨으니 말이다.

일상을 함께 했던 친구가 수학 선생님을 좋아했었는데 선생님께서 나만 예뻐하시니 그 친구와 한참 소원해진 일도 있었다. 어쨌든 예뻐해 주시니 더 열심히 공부했다. 반면 체육 시간은 늘 괴로웠다. 체육의 모든 활동에서 나는 꼴찌였기에 더욱 싫었다. 철봉 매달리기는 3초를 버티기 어려웠다. 100m는 27초 정도였는데 뛰는 것이 아닌 걷고 있냐는 핀잔까지 들어야 했다. 가장 절망적이었던 것은 오래달리기였다.

"민경아, 어차피 뒷 땅은 네 땅이야. 걷는지 뛰는지 모르겠지만 우선 와라." 라고 나를 놀리던 선생님이 아직 생각난다. 자신감이 계속 떨어지면서 싫은 과목들은 점점 더 참여하기 싫어졌다.

내가 못하는 것을 자식에게 대물림하고 싶지 않다는 마음에서였을까? 아이들에게 어릴 때부터 매일 태권도와 주 3회 미술을 챙기게 되었다. 아직까지 잊혀지지 않는 숫자가 있다. '24'. 그것은 나의 세계사 점수였다. 국사도 50을 넘지 못했다. 국사와 세계사를 가르치셨던 선생님은 정말 재미없는 할아버지 선생님이셨는데 어느 날 나에게 말씀하셨다.

"너는 국영수만 중요하다고 생각하는 거냐? 이 과목들이 필요 없다고?"

'진짜 아니었는데...'

억울했다. "선생님, 수업을 좀 더 재미있게 해 주세요!" 라고 말하고 싶은 것을 꾹 참고 가만히 듣고 있었다. 나는 그런 아이였던 것 같다. 재미있고 하고 싶은 것은 시간 가는 줄 모르고 즐겼지만, 싫고 재미없는 것은 아무리 등을 떠밀어줘도 하고 싶지 않았다.

대학 입학 후 가장 좋았던 점은 내가 배우고 싶은 과목을 직접 선택할 수 있는 자유였다. 시간표를 짜면서 수강하고 싶은 과목을 맞추기 위해 정말 많은 꾀를 부렸다. 특히 교양 과목 선택에 신중을 기했다. 그렇게 선택한 강의가 법학개론과 한국사의 이해였다. 법학개론은 앞으로의 삶에 조금이라도 도움이 될 최소한의 법 지식을 얻기 위해서였고, 한국사의 이해는 고등학교 때 실패한 국사 성적을 만회하고 싶었기 때문이었다. 가르치는 사람이 달랐다면 잘 할 수 있었다는 것을 증명이라도 해보려는 듯 선택했다. 입학 초반에는 공부에 대한 의지도 충만했다. 그러나 1학년 때는 다른 곳에 마음이 팔려 말도 안 되는 점수로 처참히 망했다. 당장 내일이 시험이었지만 오늘 나는 더 열심히 놀았으며, 입학하면 졸업은 그냥 하는 건 줄로만 알았다. 최저 학점을 챙겨야 졸업이 가능하다는 사실을 3학년 마칠 때쯤에야 알게 되었으니, 얼마나 생각 없이 시간을 보내고 있었던 건지... 결국 4학년 때 수강했던 수업 중 최하 점수 과목들을 대상으로 재수강을 하게 되었다. 그때 다른 친구들은 이미 졸업 이수에 필요한 학점들을 챙겨놓았기에 필수 과목만 수강하면서 남는 시간을 졸업 후 입사에 필요한 영어, 제 2외국어, 컴퓨터 프로그래밍 언어 등에 사용할 때 나는 모든 시간을 오롯이 학점을 챙기기 위해 사용할 수밖에 없었다. 그때의 하루하루는 또 얼마나 우울하고 힘겨웠었는지.

그런데 참 신기하다. 우습게도 지나고 나면 이렇게 또 추억이 된다.

그때 정말 열심히 공부를 하였고 현재까지도 그때 배운 내용이 기억에 많이 남는다. 간절한 마음으로 교수님의 말씀에 집중하며 공부하니 관련 내용들이 모두 흥미롭게 느껴졌다. 졸업을 앞두고 역사에 대한 관심이 깊어졌고, 지금도 TV 프로그램을 볼 때 역사와 연계된 내용이 더 재미있게 느껴진다. 학점도 잘 챙겨주신 덕에 무사히 졸업하게 되었다. 그렇게 역사가 재밌어졌는데 입사 후에는 당장 회사 업무를 배워야 해서 따로 공부를 이어갈 생각을 하지 못했다. 가만 보면 대학 시절의 선택들이 여전히 내 삶에 영향을 미치고 있는 듯 역사는 꼬리표처럼 따라다니는 것 같다.

◉ 코로나가 나에게 준 선물

코로나 이후 퇴근 시간이 빨라지고 종종 재택근무도 하게 되면서 다른 곳으로 눈을 돌릴 수 있는 여유가 생겼다. 그때 내 눈에 들어왔던 것이 〈역사체험지도사 자격증 취득과정〉이었다. 주 1회 시간을 내어 수업을 듣고 이후 준비된 시험에 통과하면 관련 자격증이 발급되는 내용이었다. 배우면 아이들에게도 알려줄 수 있을 것 같아 고민 없이 신청했다. 그렇게 자격증을 발급받았는데 그것이 계기가 되어 어느 날 일일 강사 지원 요청을 받았다. 배운 것을 적용해 보고 싶다는 마음에 이끌려 덜컥 제안을 수락했고, 2시간 강의를 위해 며칠을 전투적으로 준비했다.

"선생님!" 하고 내 말에 귀를 쫑긋하며 수업을 듣는 아이들의 모습은 감동 그 자체였다. 수업을 마치고서는 오히려 내가 아이들에게 더 감사한 마음이 들었다. 그 이후로도 한 달에 한 번 정도 계속 힐링의 시간이 이어졌다. 그러나 지금은 안타깝게도 엔데믹으로 오프라인 수업으로 바뀌면서 할 수 없게 되었다. 현재의 회사 일과 육아를 챙기면서 동시에 오프라인 모임 장소까지 가서 수업을 병행하기엔 너무 힘든 점이 많았기 때문이었다. 언제고 기회가 되면 나를 향해 반짝이는 눈빛으로 집중해 주고 해맑게 웃어주던 아이들을 다시 만나고 싶다.

살아가는 이야기

나에게 중요한 삶의 가치는?

◉ 가족, 건강

'내가 추구하는 삶의 가치는?'이라는 질문에 대해 생각해 볼 시간이 있었다. 자존감, 감사, 성장, 지혜, 배려, 아름다움, 진정성, 용기, 인내, 명예 등 A4 한 장에 빼곡하게 정리되어 있던 어느 하나 중요하지 않은 게 없는 소중한 삶의 가치들.

'어느 것을 없애야 하지?' 어렵게 하나둘 제거해 나가면서 마지막까지 남았던 것은 '가족'과 '건강'이었다. 나와 가족을 지키기 위해선 건강이 우선 되어야 한다.

◉ 나다움

최근 데일 카네기의 자기관리론을 천천히 읽으면서 새로운 가치가 하나 추가되었다. '나다움'이다.

"다른 사람을 모방하지 말아라. 자신의 참모습을 발견해서 자신의 모습대로 살아라.".

"당신은 세상에 없는 유일한 존재이다. 그 사실에 기뻐해라. 자연이 당신에게 준 선물을 최대한 활용해라."

페이지를 넘기며 끝도 없이 가슴이 뛰는 문장들을 계속 만나게 되었다. 나다움의 가치를 실현하기 위해 우선으로 필요한 일은 나의 '참모습 발견하기'인 것 같다. 아쉽지만 지금껏 공들여 나를 탐구해 본 적이 없었다. 문득 내가 참 한심하단 생각도 든다. 이제 서야 '나는 누구지?' 하며 궁금하다. 저자는 지구상에 똑같은 사람은 아무도 없다는 사실을 명심하라고 여러 번 강조한다. 무엇보다 자신을 알고 자신의 모습을 지켜야 한다고 말이다.

이렇게 나다움으로 살게 되면 건강도, 행복도, 가족도 잘 돌볼 수 있지 않을까? 라는 생각도 든다. 나는 아직 나 자신을 잘 모른다. '나는 누구지?' 라며 나란 사람을 생각했을 때 장점은 좀처럼 떠오르질 않고 단점은 무수히 많으니 그게 더 슬픈 것 같다.

'신이 계신다면 분명 나에게도 쓸만한 재주 한두 개쯤은 만들었을 텐데' 라며 매번 자신감 없는 마음만 가득했던 것 같다. 가장 소중한 나를 돌아보지 않고 계속 주변으로만 시선을 돌리며 살았다. 생각 없이 다른 사람들의 행동을 쫓아가고 부러워하기에만 급급했다.

살아가는 이야기

지금 이 순간 '지피지기면 백전백승'을 말씀하신 이순신 장군님이 되고 싶다. 마치 나를 적군을 대하는 마음으로 알아가고 싶다. 그래서 무엇을 좋아하며 무엇을 싫어하는지? 무엇이 되고 싶은지? 잘하는 것이 무엇인지 등 나다움을 알고, 나를 사랑하는 전략을 제대로 짜고 싶다. 그러면 나 자신을 신뢰하고 사랑할 수 있을 것 같은 생각이 들기 때문이다.

◉ 유종의 미

"안녕하세요!"

아침에 출근해서 가장 먼저 인사를 나누는 사람은 사무실을 반짝반짝 청결하게 만들어주시는 여사님이다. 일찍 출근하는 나와 마찬가지로 여사님도 일찍 오시기에 인사를 나눈 후 짧은 대화로 이어지기도 한다. 그러던 어느 날 갑자기, "아기 엄마, 나 오늘 마지막이야. 잘 지내요." 라고 말씀하셨다. 항상 유쾌하게 먼저 인사를 나눠 주셔서 매일 아침을 활기차게 시작할 수 있었는데 그만두신다니 참 아쉬웠다. 처음엔 다른 건물로 이동하시는 줄 알았다. 그간의 경험으로 미화 담당 여사님들은 건물 간 순환으로 종종 이동하시기 때문이었다. 여쭈어보니 정년이셔서 그만두어야 한다고 말씀하셨다. 아쉬운 마음에서 놀라움으로 바로 바뀐 순간이었다.

"저는 그동안 50대 초반 정도로 생각했었는데 환갑이 넘으셨다니 놀랐어요."

진심을 담아 말을 건넸다. 놀리지 말라고 하면서도 기분이 좋으신지 살짝 미소를 지으셨다. 그러시고는 "마지막이니까 내가 더 깨끗하게 닦아줘야지." 라는 말과 함께 열심히 닦으셨다. "아니, 마지막 날인데 좀 편히 쉬었다 가세요." 라는 제안에도 아니라고 사양하셨다. 이렇게 해야 자신의 마음이 편하다면서, 업무 영역도 아닌 개인 책상과 의자까지 닦아주셨다. 그러면서 "잘 있어요, 건강 잘 챙기고" 라는 마지막 인사까지. 오늘따라 더 따스함이 느껴지고 마지막이라는 말씀이 이내 아쉬웠다. 다음 주 출근하면 다른 분으로 바뀔 텐데 종종 생각날 것 같다.

'여사님, 그동안 수고 많으셨어요. 앞으로도 건강하고 즐겁게 생활하시길 바랍니다.', '제2의 인생도 응원 드립니다.' 오늘도 조용히 여사님의 안녕을 빌어본다. 여사님 덕분에 소중한 가치 하나가 추가되었다.

바로 '유종의 미'이다.
마지막이 아름다운 사람이 되고 싶다.

살아가는 이야기

5

우리에게 닥친 사춘기

● 큰 아이가 혼자 방을 쓰기 시작했다

언제부터였는지 모르지만, 엄마가 아닌 언니가 동생을 챙기는 일이 어느 순간 당연한 일이 되어버렸다. 첫째가 씻을 때 둘째도 함께 씻기 시작하면서 큰 아이가 작은 아이를 씻겨주고 머리도 말려줬다. 놀이공원이나 워터파크를 가도 큰아이가 작은 아이를 잘 챙겨 다닌다. 그러는 동안 우리 부부는 커피숍에 앉아 아이들 호출이 올 때까지 도란도란 대화를 나누며 여유로운 시간을 보낼 수 있게 되었다. 큰아이가 작은 아이를 데리고 함께 자기 시작했을 땐 해방감마저 들었다. 자유시간이 생겨 좋았다.

우리 부부는 서로 담당이 다르다. 아빠는 아침 담당, 엄마는 저녁 담당. 일찍 퇴근해서 아이들의 저녁을 챙기려면 일찍 출근해서 일을 마쳐야 한다. 새벽에 집을 나서는 엄마를 대신하여 매일 동생을 챙겨주는 고마운 큰아이. 아침에 동생 깨우기부터 시작해서 매일 등교할 때마다 입고 갈 옷을 함께 골라주고, 머리도 예쁘게 빗겨준다. 내가 저녁에 일로 늦을 때면 동생 먹을 것을 함께 챙긴다. 어쩌다 보니 나보다도 더 엄마 같은 나의 첫 아가. 하나둘 알아서 잘 챙기다 보니 점점 당연한 일이 되어간다. 고마운 것을 깜빡하고 아이에게 바라는 것만 많아지는 것 같다.

그랬던 큰 아이가 중학생이 되면서 자기 공간을 갖고 싶다 했다. 동생과 함께 자고 싶지 않다고 했다. 아이 방을 꾸며 주는 일이 어려운 일은 아니었지만, 이런저런 핑계를 대며 미루고 버티다 2학기 시작을 앞두고서야 큰 아이 공간을 만들어줬다. 작은 애는 다시 내 옆으로 왔다.

◉ 헛걱정을 했던 시기가 있었지

큰 아이를 키우면서 '혹시 우리 아이가 착한 아이 증후군인가?' 라고 걱정했던 날들이 종종 있었다. 동생에게뿐 아니라 또래 친구들에게도 무조건 양보하고 배려하는 모습들. 분명 화가 나는 상황일 텐데도 나이에 맞지 않게 모두 웃어넘기는 아이. 그런데 걱정했던 것이 무색하게 현재는 반대의 걱정을 하고 있다.

아이가 변했다. 사람의 마음이 참 간사하다. 얼마 전까지만 해도 착한 아이 증후군을 걱정했던 나는 '내가 아이를 잘 못 키우고 있는 것일까?' 라며 다른 걱정을 시작한다. 아이는 성장 시기에 맞게 자기주장이 강해지고 질풍노도의 시기가 찾아왔을 뿐인데. 나는 아직 받아들이지 못하고 있다. 적어도 우리 아이에게는 안 올 것 같았던 사춘기. 아이는

살이가는이야기

작정한 듯 고르고 고른 못된 말로 나를 공격한다.

"엄마랑은 이야기하기 싫어. 벽 보고 이야기하는 거 같아."

"엄마는 공감 제로야!"

정말 더웠던 올해 여름. 아이 방에는 에어컨이 없다. 사실 놔줄 수도 있지만 그렇게 되면 정말 문 한번을 열지 않을 것 같다. 직접 에어컨 바람이 닿는 것을 싫어하는 우리 가족은 거실에 에어컨을 빵빵하게 켜 둔 상태에서 방문을 열어둔다. 방에서도 찬기가 느껴지며 시원하다. 아이 방문도 열어 놓으면 시원할 텐데. 아이는 더운 날에도 문을 꽉 닫고 있다.

"안 더워? 조금이라도 열어놔."

문을 살짝만 열어줘도 고래고래 난리를 친다. 정말 모든 또래 아이들이 이렇게 사춘기를 보내는 것일까? 잘 지내던 동생과도 하루건너 티격태격이다. 동생과 항상 잘 지냈으면 하는 것도 내 욕심인 걸 안다. 동생이 먼저 잘못 할 때도 있지만 가만히 있는 동생에게 괜히 먼저 시비를 거는 모습도 보인다. 작은 아이가 울면서 달려오는 순간이면 화가 난다.

'4살이나 차이 나는데 언니인 네가 좀 참지.'

나도 모르게 싫은 소리가 먼저 나간다. 참았어야 했는데 지난 행동들까지 소환해서 야단을 친다. 억울해서 눈물 흘리는 큰 아이를 보며 그제서야 '에고, 내가 왜 그랬을까?' 미안한 마음이 또한 한가득 찾아온다.

● 돌솥밥 짓는 마음

최근 육아서들을 다시 읽기 시작했다. 예전에 읽었을 땐 머리로만 끄덕였고 진심으로 받아들이지 못했다. 지금은 중요하다고 생각하는 문장들을 필사도 하면서 실생활에 적용하려고 노력하고 있다. 누구보다 사랑하는 내 아이에게 상처를 주고 있는 것 같아 미안하다. 공감해 주기란 단어가 쉬워 보이지만 아직도 어렵다. 아이를 처음 만나고 14년째 여전히 나는 서툰 엄마란 생각이 든다. 변하고 싶다. 속으로만 생각하지 말고 사랑하는 마음을 더 많이 표현하고 싶다. 내가 아이를 더 많이 알고 있다고 자만하지 않기로 했다. 아이의 말을 가만히 들어주기로 다짐도 해본다.

"딸, 엄마는 네가 먼저 웃으면서 말 걸어 줄 때 너무 행복해. 네가 혼자 스스로 할 일을 잘 챙기는 모습을 볼 때 대견하고 고마워. 너는 아니? 네가 좋아하는 돌솥밥이 쉽게 만들어지는 게 아니라는 걸. 갓 지은 따뜻한 밥을 해주고 싶은 엄마의 마음을.

돌솥밥 만드는 법 :

1. 쌀을 씻어 돌솥에 담아 뚜껑을 닫고 강한 불에 끓인다.

2. 끓어 넘칠 때 뚜껑을 열고 밥을 위아래로 잘 섞어 준다.

3. 쌀 물이 자작해지면 뚜껑을 다시 닫고 약한 불로 15분 정도 뜸을 들인다.

4. 밥을 다 퍼낸 다음 물을 붓고 숭늉을 만든다.

살아가는 이야기

5. 돌솥은 무겁고 씻기 힘들지만, 다음 날을 위해 깨끗하게 정리한다(가스레인지 주변에 넘쳐 흐른 쌀 물을 닦는 과정도 필요하다).

복잡하게 느껴지지만 이게 엄마야. 버튼 하나로 지어지는 전기밥솥 밥이 아닌 돌솥밥 짓는 과정처럼 엄마는 모든 면에서 너에게 공을 들이고 있단다. 느리지만 언젠가 진심이 닿기를!

왜 별글에 왔나요?

어릴 적 나는 글 쓰는 것을 참 좋아했다. 같은 일상이어도 글로 남기면 매일 매일 특별한 하루인 것 같은 기분이 들었다. 일기 쓰는 것을 좋아했다. 글쓰기 숙제들도 즐겼었다. 독후감, 감상문 등 선생님께서 과제로 내어주면 싫어하는 친구들이 있었다. 적어도 나는 그 과제들이 힘겹거나 지겹지 않았다. 오히려 기다려졌다. 왜 글쓰기가 좋았을까? 생각해보니 참 단순한 이유다. 선생님들이 내 글을 보며 남겨주시는 칭찬이 좋았다. 또 칭찬이 듣고 싶어 진심으로 준비했었던 것 같다. 그러다 보니 종종 교내 대회에서 상을 받게 되었다. 기회가 되어 학교 대표로 백일장에 나가 상을 받기도 했다. '나 글 좀 쓰나?' 라는 착각에 빠졌던 순간도 있었다. 대학에 들어가면서 리포트 작성이 어려웠다. 어려움을 이겨내며 열심히 썼었는데 노력에 비해 평가가 좋지 않았다. 글이 싫어지기 시작했다. 졸업 후 회사에 들어가면서 글은 더 싫어졌다. 회사에서는 보고서 한 장 한 줄 한 줄마다 사소한 맞춤법 실수로도 크게 혼날 때가 많았다. 책잡히는 전

전전긍긍의 삶이 시작되면서 글은 점점 더 멀어져갔다. 그러면서도 마음 한편에서는 어릴 적 글쓰기 즐거움에 대한 미련이 남아 있었나 보다. 어느 순간 다시 글을 쓰고 싶어졌다. 그런데 어디서 어떻게 적어야 할지 시작이 어려웠다. 그러다가 별글을 만났다. 좋은 분들과 함께 모여 글쓰기에 참여하는 것만으로도 힐링이며 영광이었다. 사실 처음엔 쉽게 생각했다. 글이라는 것이 마음만 먹으면 술술 적히는 줄 알았다. 한참을 노트북 앞에 앉아 있었는데도 한 줄을 넘어가기 어려운 나를 보며 답답해지기 시작했다. 바쁜 시간을 쪼개어 글을 쓰는데 도통 적어지질 않으니 이상한 생각들이 찾아왔다.

"그냥 편하게 살아. 왜 안 하던 짓을 하려 해? 지금 글을 쓴다고 인생이 달라지나?"

글을 놓아버리고 싶게 만드는 불순한 생각들이 자꾸만 끼어들어 왔다.

'나는 왜 글이 적고 싶은지 생각해보자. 무엇을 바라고 쓰지? 진짜 왜 글을 쓰고 싶은 거지? 왜?'

자꾸 묻다 보니 하나둘 이유가 찾아온다. 먼저, '생각'이라는 것을 하고 싶어서이다. 말하기는 쉽지만 짧은 글이라도 그냥 써지는 게 아니다. 어떤 글을 쓰지? 무슨 단어를 선택하지? 그러고는 찾아온 생각들을 꾹꾹 눌러 쓴다.

이렇게 글쓰기를 다시 시작했고 즐기고 있다. 그렇게 나는 글이 다시 좋아지고 있다.

살아가는 이야기

3부

높이, 멀리, 함께 날자

"

'오늘은 볼에 핑크빛 수줍음을 발랐구나.'

거울을 보고 손뼉 치며 가장 응원하는 사람도 '나'다.

나는 나와 가장 친한 친구다.

내가 소중한 만큼, 내 아이가 사랑스러운 만큼, 만나는 모든 인연이 귀한 존재다.

"

더할 나위 없이
좋은 우리

◆ 모모(진수민) ◆

더하기 대표(하브루타, 부모성장, 버츄 독서교육), 책소리, 글로 나를 쓰다(글라쓰), 별
글 운영, 브런치 작가, KPC인증코치(그림책마음코칭, 관계향상 학습코칭)

• 이메일 : chinadrum79@naver.com
• 블로그 : https://m.blog.naver.com/chinadrum79
• 브런치 : https://brunch.co.kr/@6b1881ada28244d
• 유튜브 : https://www.youtube.com/@user-yv2bc4dl9g

엄마라는 이름은 '시작'만 있다

"음마~ 압빠~ 으앵~"

"아이고, 태어나자마자 말하는 아기는 처음 보네! 하하하" 담당 의사가 호탕하게 웃으며 말했다. 18시간 동안 제대로 힘을 주지 못한 엄마가 답답하기라도 하듯, 아기는 세상에 나오자마자 옹알이를 터뜨렸다.

내가 엄마가 되다니... 아기가 태어남과 동시에 나 또한 엄마로 다시 태어났다. 고통과 경이로움이 한꺼번에 밀려왔다. 몇 분 전의 출산 직전 상황이 영화 필름처럼 스쳐 지나갔다.

⬤ 9회말 투아웃 역전 홈런

출산 전 진통은 상상 이상이었다.

'할 수 있어. 죽기야 하겠어? 아가, 좀 있다가 건강하게 만나자.'

시간이 지날수록 패기는 사라지고 호흡조차 힘들었다. 어느새 내 코엔 산소호흡기가 끼워져 있었다. 정신이 아득해져 갔다.

"산모와 아기가 위험하니, 제왕절개 수술을 해야겠어요." 의사가 말했다.

자연분만 직후 아기를 안고 수유를 할 거란 로망은 사라졌다. 수술 동의서에 서명을 하고 수술대 위에 누웠다. 한기가 돌았다.

'지금까지 진통한 게 너무 아까워.'

선생님 동의하에 수술대 위에서 미련 없이 마지막 힘을 한번 주기로 했다.

"자, 셋 세면 힘주세요! 하나~ 둘~ 셋!"

"으윽~!"

'따앙~!' 마치 야구공이 배트에 맞는 경쾌한 소리가 들리듯 '쑤욱~!' 시원하게 아기가 빠져나왔다. 와아~ 환호가 들리는 것만 같았다. 눈부신 수술대 빛이 야구 경기장을 방불케 했다. 의사, 간호사 선생님들은 출산의 승리를 이끈 동지이자 구원자였다. 마치 9회 말 투아웃에 역전 만루 홈런을 날린 기분이었다. 차가웠던 수술대는 이내 보드라운 잔디밭으로 변하고, 꽃잎이 떨어지는 배경에 몽글몽글한 발라드 bgm 이 깔렸다.

◉ 만나서 반가워!

"따끔합니다." 의사의 말에 현실로 돌아왔다. 후 처치를 하는 동안, 소독을 마친 신랑이 어벙벙한 표정으로 들어오는 게 보였다. 조금 전까진 나 혼자 이 고통을 견뎌내야 한다는 사실이 억울하고 분해서 꼴

더할나위없이 좋은 우리

도 보기 싫었는데, 아기 앞에 서 있는 신랑 모습이 미치도록 뭉클하고 감동적이었다!

"아기 참 예쁘죠?" 가슴 위로 아기의 체온이 따스하게 전해졌다. 내 아기라고? 어색했다. 벌건 생명체가 까만 눈을 또렷이 뜨고 나를 노려보고 있었다.

"아기가 벌써 눈을 떴네요!" 간호사가 웃었다.

"만나서 반가워, 이 세상에 온 걸 환영해, 둥아!"

울컥. 내 목소리에 내가 감격해 버렸다.

'아홉 달을 한 몸으로 지내다가 따로 되니 왠지 서운하네. 세상 빛을 보는 게 쉽지 않았지? 우리 둥이 참 대견해. 생명의 탄생은 참 신비롭구나.'

감성이 폭죽 터지듯 터졌다. 그러나 모든 게 아름답게만 보였던 시간은 잠시였다. 나날이 아려오는 통증은 나를 미치게 했다. 훗배앓이, 젖몸살, 관절염으로 세상 나 혼자 아기를 낳은 사람처럼 아프다며 유난을 떨었다. 다른 산모들은 출산 일주일 만에 살이 쏙 빠지는데 나는 온몸이 퉁퉁 부어 우울했다. 그런 나에게 가장 큰 위로는 아기와 나누는 대화였다.

"우리 둥이, 귀염둥이, 오늘 기분 어때?"

입을 뾰족하게 내밀고 내 말과 얼굴에 집중하는 울 아기를 쳐다보니 뭉클했다.

"내 안에 있던 너와 얼굴을 마주하고 있다니 신기하다. 크면 어떤 모습일까?"

● 힘 빼고 성장 시작

그 후로 우린 15번의 봄을 만났고 놀랍게도 나는 세 아이의 엄마가 되었다. 둘째 건강이와 셋째 대호(태명)를 낳을 때는 출산 직전까지 음악 감상을 하는 여유를 부렸다.

세 아이를 키우며 처음 겪는 일들이 무수히 많았고 덕분에 깨달은 점도 많다.

처음엔 예상치 못한 고난을 만날 수 있다. 잘 하고 싶다는 힘을 빼면 한 끗 차이로 실망도 기쁨이 될 수 있다. 잘 키우고 싶은 부담은 곧 아이들 스스로 큰다는 믿음으로 변한다.

라온, 제나, 다찬아, 너희 덕분에 내 안의 어린 수민이도 함께 성장하고 있단다. 엄마라는 새로운 세상을 알려준 귀하고 고마운 존재야, 사랑해.

엄마라는 이름은 항상 시작만 있다. 어제 실수를 했다면 오늘 다시 시작하면 된다. 엄마로 꾸준히 성장하는 내가 좋다.

더할나위없이좋은우리

죄인은 꽃차를 받으시오

● 최선입니까?

"학원 인수할 생각 없어요?" 예전에 일하던 학원에서 원장님 전화가 왔다.

나만의 공간에서 일하는 꿈, 그토록 바라던 일인데 고민이 되었다. 첫아기는 겨우 돌이 지났고 둘째 임신을 갓 확인했던 터였다. 일하고 싶은 마음은 간절했지만, 학원 사업은 욕심 같았다.

"수민아, 이럴 때 가는 곳이 있어!" 고민을 듣던 친구가 나를 이끌고 간 곳은 철학관이었다. 생판 모르는 남이 나에 대한 정보를 술술 말해 주니 신기했다. 일복 돈복 있다는 말에 새로운 도전을 결심했다. 그렇게 영수학원 원장이 되었다.

기존 학원을 탈바꿈해서 새 옷을 입히는 과정은 녹록치 않았지만, 아이들을 가르치는 일에 보람을 느꼈다. 학생이 늘수록 재미가 있었지만, 배가 점점 불러올수록 불안함도 커졌다. 출산으로 자리를 비우는 몇 달간 학원을 맡길 수 있는 믿을 만한 강사가 필요했지만, 그 역할을 채울 사람을 만나긴 쉽지 않았다. 결국, 출산 후에도 조리원에서 택시를 타고 나와 학원에서 학부모 상담을 했다. 그땐 그게 최선이라 여겨졌다.

◉ 죄인이로소이다

모유 수유 중이라 세 시간만 어머니께 아기를 맡기고 일을 하기로 했다. 늦기 일쑤였고, 가슴이 탱탱 불어 옷이 젖을 때가 한두 번이 아니었다. 아기가 울고 보채어 어머니 얼굴이 반쪽이 되어있기도 했다.

'어머니 몸도 안 좋으신데, 괜찮다고 하셔도 마음이 편치 않아.'

더 봐줄 수 있다는 만류에도 불구하고 둘째가 돌쯤 되었을 때 첫째가 다니는 어린이집에 함께 보내게 되었다.

그러던 어느 날, 학부모와의 상담이 길어져 평소 아이들을 데리러 가던 시간보다 한참 늦어졌다. 어린이집에서 걸려온 부재중 전화 세 통과 문자 한 통을 확인했다.

'어머니 많이 바쁘신 가봐요, 아이들은 저희 집으로 데리고 퇴근할게요. 어린이집 말고 집으로 오세요. ○○○아파트, 101동 1004호'

마음이 다급했다. 운전대를 잡은 손에 힘이 바짝 들어갔다. 엄마 손을 잡고 일찍 귀가하는 친구들 뒷모습을 보며 얼마나 부러웠을까. 오매불망 엄마를 기다릴 두, 세 살 딸들의 측은한 모습이 아른거리자 눈물이 쏟아질 것만 같았다. 부웅, 엑셀레이터와 브레이크를 번갈아 밟느라 발이 바빴다. 밤 9시30분 도착.

띵동, 벨을 눌렀다. 아차! 급하게 오느라 미처 뭘 사올 생각을 못 했다. 남의 집에 빈손으로 가는 거 아닌데... 게다가 원장님 집에서 연장보육까지 했는데... 민폐를 끼쳤다는 생각에 가슴이 꽉 막혔다

딸칵. 문이 열렸다. 오셨어요? 원장님 뒤로, 엄마 하며 뛰어오는 아이들이 내 품에 쏙 안겼다. 걱정과 달리 생글생글 웃고 있는 아이들을 보고 안심했다.

"어머니, 아이들 잘 놀고 있었어요. 아이참, 괜찮아요~"

원장님이 나를 꼬옥 안아주었다. 나는 펑펑 울고 있었다.

"나는 아이들에게 죄인이에요."

◉ 미안해, 고마워, 사랑해

일하는 죄, 아픈 어머님께 아이를 맡긴 죄, 건강하지 못한 죄, 어린 아기들을 어린이집에 보낸 죄 등등. 열심히 사는 데도 노력에 대한 보상은커녕 죄책감만 남았다.

온갖 애를 쓰며 살다 보니 몸도 망가졌다. 왜 이리도 치열하게 사는가? 누구에게 이토록 인정받고 싶은가? 도움을 거부하고 혼자서 해결하려 했다. 벽을 치고 스스로 마음 감옥으로 들어갔다.

내 깊은 외로움과 결핍을 돌보지 못했다. 누구보다 나에게 가장 미안했다. 아이들이 엄마를 원하는 이상으로 아이들과 함께 있고 싶었다. 아이들의 사랑으로 돌봄 받고 싶었다. 위로받고 싶었다.

내 마음을 알아차리자 깜깜한 마음 감옥에 빛이 내리고 문이 열렸다. 스스로 내리는 형벌을 멈추었다. 이윽고 '엄마~'라는 이 한마디가 온 마음에 채워지기 시작했다. 평생 변하지 않는 타이틀, '엄마'라는 단어가 참 좋다.

> 너희 삼 남매의 엄마라 얼마나 축복인지 몰라. 외로웠던 내 마음에 촉촉이 물
> 을 대어주고 사랑 씨앗을 심어줘서 고마워. 쩍쩍 갈라지던 메마른 땅에 나무
> 가 하나, 둘 생기고 푸른 숲이 만들어졌어. 너희는 나의 숲이야.

산들산들 바람을 느끼며 향기로운 꽃차를 한 모금 머금는다. 온 마음에 사랑과 감사가 퍼진다.

더할 나위 없이 좋은 우리

나에게 근성이라곤
찾아볼 수 없다고?

◉ 벼락치기 선수

언제부터였을까? 매일 벼락치기였다. 업무는 자꾸 밀리고, 설거지, 청소, 빨래는 항상 쌓였다. 마치 뫼비우스의 띠처럼 해도 해도 끝이 없었다. 일을 제시간에 마무리하는 사람이 부러웠다. 마감 직전까지 헐레벌떡 달리다가 일을 처리하고 나면 에너지가 고갈되어 뻗어 버렸다. 왜 이렇게 일을 몰아서 할까? 왜 머릿속에 계획을 담는데 많은 시간을 쓸까? 게으른 완벽주의. 할까 말까 엉거주춤. 이 단어들로부터 해방되고 싶었다. 오늘 해야 할 일은 내일로 미뤄지고, 매번 구상만 하다가 인생이 끝날 것만 같았다. 느리지만 꿋꿋이 가는 힘이 필요했다. 자잘한 일들이 에너지를 좀먹고 있었다. 고갈되는 기운을 회복하고 에너지 소비 루틴을 바로 잡을 필요가 있었다.

어느날 문득 충분한 쉼이 주어지면 이 벼락치기 루틴이 없어지겠단 생각이 들었다. 속해있던 모임도, 관계도, 직장도, 단톡방도 하나씩 정리를 했다. 한 달에 하루를 정해서 집에서 탈출도 감행해보았다. 그러나 집에서 나오면 해방감이 들 줄 알았는데 오히려 몸과 마음이 불편했다. 일과 관계를 줄여도 여전히 시간이 나지 않았다.

◎ 양파 까기만 하면 맵기만 하지

양파를 까고 까도 그대로인 것처럼 일과 관계를 줄이고 없애도 바쁘기는 마찬가지였다. 새 일정을 만들고 쓸데없이 에너지를 쓰는 게 마치 양파만 자꾸 까는 행위와 같았다. 양파를 다듬기만 하면 뭐하나 요리를 해야지. 먹을 만큼 까자. 눈도 코도 맵고 몸도 마음도 지친다.

나는 무엇을 위해 바쁜가? 애써 까놓은 양파를 버리지 않고 잘 활용해서 나를 위한 맛있는 음식을 만들어야겠다. 우후죽순 일정을 되는대로 처리하기보다 방향을 잘 잡고 꾸준히 가는 힘을 기르는 게 중요하다.

◎ 오래달리기 선수

"엄마는 어릴 때 뭘 잘 했어?" 아이가 물었다.

뭘 좋아했는지보다 더 어려운 질문이다.

"나는… 오래달리기를 잘 했어."

"우와! 정말?"

"응, 초등학교 때, 전교에서 세 번째로 빨랐어."

더할 나위 없이 좋은 우리

걷기도 귀찮아하는 엄마가 오래달리기를 잘했다니 아이는 놀라움과 호기심에 눈을 반짝인다.

"달리다 보면 속에서 단내가 올라오고 토할 것 같거든. 뛰다가 쓰러지고 싶다가도 다들 쳐다볼까 부끄러워서 그냥 뛰었어. 그런데 그 순간을 넘기고 계속 달리다 보면 신기할 정도로 몸이 가벼워지는 거야. 날아가는 느낌마저 들어."

훨훨 날았던 과거와 달리, 이내 무거운 몸과 더 육중한 마음에 갇힌 현실로 돌아오자 괜히 머쓱해졌다.

'오래달리기뿐 아니라 오래 매달리기도 누구보다 끝까지 해냈어. 어린 시절 나는 인내심과 깡다구가 있었어.'

아이와 대화 덕분에 부족하게만 느껴졌던 근성이 나에게도 있었다는 걸 기억해 냈다. 근성! 원래 내 강점이었구나!

◉ 그냥, 하는 거야!

달리면서 숨이 차올라서 어지럽고 죽을 것 같았을 때, 단 하나만 생각했다.

'이 고비도 결국 지나간다.'

힘든 관계도, 쌓인 일도, 슬럼프도 다 지나가니 그냥 꾸준히 하면 된다. 사람이 싫다고 관계를 아예 안 할 수는 없다. 일이 많다고 계속 미룰 수도 없다. 그 일들이 내 그릇을 차고 넘치게 많은 일이라면 그냥 욕심부리지 않으면 된다. 주저앉고 싶을 땐 긍정에너지를 끌어올려 예전보다 성장한 나를 축하해준다. 과거에 꾸준히 걸어온 길이 현재 나를 있게 했다. 꾸준함이란 나를 믿는 힘과 용기다.

◉ 꾸준히 걸어가는 너를 축하해

인생을 살다 보면 꼭 만나는 때가 있어. 아무것도 이룬 게 없다는 생각이 들 때, 늦었다는 생각이 들 때, 후회될 때, 자신감이 떨어질 때란다.

그럴 때 스스로 부족하다고 느끼는 점이 바로 네 강점일 수 있단다. 네게 아예 없는 가치라면 부족하다는 생각 자체를 못할 테니까. '그럼에도 불구하고' 지금껏 잘 해왔잖아! 성장을 위한 밑거름을 닦고 있는 네가 자랑스러워. 고난을 밀어내지 말고 있는 그대로 받아들이렴. 모든 감정과 경험은 소중하단다. 인생을 즐기는 너를 응원해.

더할 나위 없이 좋은 우리

발구름판을 힘차게 굴러!

◉ 나는 다른 사람을 위하며 살았다

어른이 된다는 건 힘들다. 좋은 어른을 많이 본 적이 있던가? 사회생활은 우정을 쌓기에 벽이 높고, 학창 시절처럼 열심히 한다고 해서 인정을 받는 게 아니다. 결혼은 독립이자 자유인 줄 알았는데 오히려 더 신경 쓰고 지킬 게 많았다. 출산 후엔 아이에게 더없이 좋은 우주가 되어줘야 한다는 부담감이 컸다. 달라도 너무 다른 세 아이를 어떻게 키워야 할지 막막했다.

내 시선은 항상 밖을 향해 있었고 외부에서 원하는 내가 되어야 했다. '진짜 나'를 제대로 볼 수 없었다.

◉ 버티다 못해 곪아 썩었다

"한참 방치했네요. 발치 해야겠어요." 어금니가 사형선고를 받았다. 잇몸 속에 고름이 가득 차 있었다. 분명 붓고 아팠을 텐데 왜 몰랐을까. 다른 치아에 악영향을 끼칠 수 있는 고름 종자를 제거해야 했다.

무서웠다. 이 하나 빼는 건데 충격이 컸다. 여러 생각이 파도처럼 덮쳤다.

'잇몸이 성하지 않으니 옆에 붙은 이들도 차례로 보내줘야 할 테지.'

'아이가 조금만 아파하면 바로 병원을 가면서 왜 나 자신을 돌보지 않았을까?'

'아프면 다 소용없는데 왜 아등바등 살았을까?'

애써 쌓아 올린 모래성이 파도에 부서지듯 허무하고 속상했다.

'그래도 임플란트를 하나만 한 게 어디야!'

한탄만 할 순 없다. 시간이 흐른 후, 후회한 시간마저 아쉬울 것 같다. 부정을 몰아내고 긍정을 초대한다.

"엄마, 봐요, 나 혼자 뺐어요."

막내가 손바닥에 놓인 하얗고 조그만 이를 보여줬다. 이~ 하고 유치 빠진 구멍 사이로 혓바닥을 쏙 내민다. 옆에는 전에 빠진 구멍에서 하얀 이가 슬며시 돋아나고 있다. 뽀오얀 새싹 같다. 반짝이는 생명에 감탄한다. 그런데 새싹만 귀할까? 피었다 시드는 꽃잎도 귀하지.

임플란트를 한 새 이가 반짝인다. 아직 남아 있는 이가 많기에 이의 소중함을 알게 되었다. 내 몸 어디 하나 소중하지 않은 곳 없다. 상처가 나면 새살이 돋는 데, 흉터조차 삶이다. 그래서 잃은 것에 연연하기보다 현재에 충만한 '지금'을 살고 있다.

더할나위없이 좋은 우리

● 인생도 구름판이 필요하다.

멀리뛰기나 뜀틀 운동 따위를 할 때, 뛰기 직전에 발을 구르는 판을 구름판이라고 한다. 인생도 구름판이 필요하다. 구름판을 잘 밟는 것이 시작이다. 내가 선택한 일들이 실수나 실패로 이어져도 내 삶을 안전하게 디딜 수 있는 구름판이 중요하다. 많은 시행착오가 더 견고한 구름판을 만들 수 있다는 생각은 걱정과 불안을 '안전'으로 바꾼다. 한두 번의 터닝 포인트가 아닌 선택과 도전을 하는 '매 순간'이 삶의 전환점이다.

'날아오른다.'

구름판을 밟고 뜀틀을 넘는 순간 몸이 붕 뜨며 중력을 무시한다. 사뿐히 착지할 때도 있고 넘어질 때도 있지만, 두려움에 대항한 스스로가 자랑스럽다.

후회하지 않을 삶을 위해 마음을 먹어야 한다면 좀 더 불편한 쪽을 선택한다. 그 이유는 좀 더 좋은 구름판을 만들 수 있으니까... 알면서도 회피하고 안주하고픈 나를 발견한다. 어려운 선택일수록 더 높이, 멀리 뛸 수 있음을 믿는다.

매번 시작하길 주저하다가 도전한 후 실망해도 금방 활짝 웃어버리며 외쳐본다.

'역시, 나야!'

어우러지는 든든한 나무처럼

◉ **반복되는 삶의 기복에 지쳐도**

반복된 패턴에 매너리즘을 느꼈다.

만남 후엔 이별이 있고 상황은 좋았다가 나빴다가를 반복한다. 결혼 생활과 육아도 행복과 불행이 오간다. 일에서 성취감을 느꼈다가 무력감을 느끼고, 관계에서 상처를 받았다가도 기쁨을 느끼곤 한다. 이 기복을 인생 그래프로 그려보면 한 폭의 산수화가 따로 없다. 상 하향의 왜곡은 치열하게 아름답고, 아프면서도 소중하다. 좋음과 나쁨이 함께 공존하는 삶의 의미가 궁금했다.

◉ **나는 더 좋은 쌤이다!**

화나고 억울한 옛일들이 가슴 속에 머물고 있었다. 오래된 사진처럼 빛바래진 기억 한편에 여전히 해결을 기다리는 미제사건 같은 기억도 있었다. 가만히 있는 나에게 태클을 거는 누군가에게 따지고 싶었다.

더할 나위 없이 좋은 우리

노력하는데 너는 왜 자꾸 나를 괴롭히냐고 말이다. 왜 이런 상황이냐고 물어본들 답은 없었다.

계속 '질문'했다. 용서란 무엇일까? 행복이란? 나는 왜 이 감정에 머무는가? '왜'라는 단어는 공격적이면서 동시에 위로였다.

'우린 다를 뿐이야. 옳고 그름을 따지지 말자.'

하나뿐인 귀하고 특별하며 외로운 존재인 나를 스스로 안아주고 돌봐주었다. 물에 빠져 숨 막힌 나에게 말했다.

'고개를 들고 잘 봐. 그저 얕은 물이야. 거기서 나올 자유의지가 있어.'

생각을 바꾸면 힘든 상황들이 나에게 큰 타격을 줄 수 없다는 걸 깨닫는다. 결이 맞지 않은 사람들로 힘든 마음은 곧 다른 차원의 문을 열고 들여다보는 기회와 배움으로 바뀌었다.

어제의 슬픈 나와 헤어지고 오늘의 더 좋은 나와 새로이 만난다. '다름'이 모이면 더할 나위 없이 좋은 이야기가 만들어진다. 좋은 사람들 속에서 나는 '더 좋은 쌤'이 된다.

◉ 사소하고 당연한 건 없다

"네가 이렇게 오랫동안 하브루타를 하고 강사로 발돋움할 줄 몰랐어."

영옥님이 말했다. 내가 육아로 고민할 때 '하브루타'를 처음 소개해준 고마운 인연이다.

"언니 덕분이죠. 그땐 아이를 '문제'로만 바라봤는데, 하브루타를 알게 된 덕분에 삶의 관점이 바뀌었어요. 고마워요."

"내 사소한 말 한마디가 터닝포인트가 되었다니, 오히려 내가 더 고마워."

삶의 전환점은 목마른 상황으로부터 출발한다. 그때 누군가 나에게 물을 구할 방법을 알려준다면 기꺼이 수용해야 한다. 그 선택은 인연과 행복을 이끈다.

하브루타 스승 혜경 선생님에게 내가 사는 동네에도 하브루타 독서토론이 있는지 물은 적이 있었다.

"그 동네에서 하브루타 독서토론 모임을 직접 만들어 보세요."

"네? 제가요?"

'시작'이란 말 한마디는 깃털같이 가볍지만, 1톤 트럭을 들어 옮기듯 무거운 게 '실행'이다. 하지만 먼저 걸어가 본 누군가가 있다면 그 말을 믿고 용기를 내는 게 맞다. 용기를 내어 깃털처럼 사뿐히 독서토론 모임 '책소리'를 만들었고, 1톤 트럭을 7년째 들고 나르며 운전 중이다.

◉ 맞추기보다 어우러지기

그림책 한 권을 여러 번 읽으면서 많은 질문들을 만들었다. 그림책이 주는 위로와 성찰은 대단했다. 멤버들 각자 책을 보는 시선과 의미부여가 달랐다. 다양한 해석과 다른 세계를 만날 수 있었다. 독서토론

더할 나위 없이 좋은 우리

을 통해 서로의 존재를 온전히 느끼고 삶을 응원하게 되었다.

나는 '책소리'의 '이끎이'라기보다 제일 자주 참석한 '지킴이'란 표현이 어울린다고 생각한다. 시간의 흐름 속에 책소리 인연 또한 만남과 헤어짐이 반복되었다. 스쳐 지나가는 바람 같은 인연, 활짝 피우고 시든 인연, 소나무처럼 한결같은 인연 등.

예전의 나는 비바람에 줄기가 꺾어지고, 잎이 떨어져도 묵묵히 버티던 가녀린 나무였지만 지금은 어느새 단단한 나무가 되어 가고 있다. 변덕스러운 날씨에 억지로 웃으며 맞추지 않고, 묵은 감정은 강물에 흘려보낸다. 항상 좋거나 나쁠 수 없다. 가지를 맞댈 수 있는 나무들은 서로를 지탱한다. 쓰러질까, 혼자 애쓰지 않아도 된다. 그저 즐긴다. 함께 어우러진 가지 사이로 새와 곤충의 소리가 들린다. 우리는 자연을 이룬다.

◉ 세상에서 제일 좋은 나

'오늘은 어때?' 내 마음을 가장 잘 알고 이해해 주는 친구, '나'가 묻는다. 나는 가끔 고독을 입고 우울을 걸치곤 한다. 햇살이 쏟아지듯 눈부신 기쁨을 장착하기도 한다.

'오늘은 볼에 핑크빛 수줍음을 발랐구나.'

손뼉 치며 가장 응원하는 사람도 '나'다.

나는 나와 가장 친한 친구다. 내가 소중한 만큼, 내 아이가 사랑스러운 만큼, 만나는 모든 인연이 귀한 존재다.

부정적인 감정까지도 안아줄 수 있는 나, 숨지 않는 나를 응원한다. 사람들이 스스로 드러내고 사랑할 수 있게 돕고 싶다.

'사랑받을 수밖에 없는, 세상에서 유일무이한 존재'인 '나'와 '너'가 만나 행복한 꿈을 꾼다. 그러곤 용기가 필요한 너에게 말한다.

'괜찮아, 잘해왔어! 네가 있어 참 기뻐. 자 이제 함께 놀자!'

더할 나위 없이 좋은 우리

에필로그

책 씁시다

누군가에게 들었던 이 말을 내가 하게 될 줄 몰랐다. 글쓰기 인연으로 어쩌다 공저 다섯 권을 내게 됐다. 누구나 책을 쓸 수 있지만, 아무나 책을 쓸 수 없다는 말에 동의한다.

아이를 낳는 게 끝이 아니라 육아를 통해 엄마도 성장한다. 출간을 출산에 비유하듯, 글이 책으로 나올 때마다 더 큰 성장을 만난다. 내가 낳은 자식이라고 아이와 내가 똑같은 인격체가 아니듯, 지나간 글이 지금의 '나'일리 만무하다. 책을 통해 '나'는 레벨업하기 위한 다음 꿈을 만난다.

모모, 네가 보고 들었던 모든 것은
모든 사람의 시간이 아니야. 너 자신의 시간이었을 뿐이지.
사람들에게는 저마다 네가 막 다녀온 장소와 같은 곳이 있단다.

허나 그곳에는 내가 데리고 가는 사람만이 갈 수 있어.

게다가 보통 눈으로는 그곳을 볼 수 없지.

그럼 제가 갔던 곳은 어디에요?
네 마음 속이란다.

– 모모 (미하엘 엔데)

글쓰기만이 줄 수 있는 시공간에서 온전한 나를 만난다.
스스로 빛내는 별처럼, 혼자 있어도 함께 있어도, 빛나는 존재인 당신을
환대한다. 오직 나만 아는 이야기가 서로에 대한 따뜻한 호기심으로 살아
있는 글이 된다.

◆ 글쓰기는 샤워 같다

하루 중 잠시지만, 나에게 쾌적함을 주는 샤워처럼, 글로 하루를 정리하
고 마음을 씻어낸다. 샤워 후, 개운한 기분으로 소파에 누워 티비를 보거
나 다음 일을 할 수 있는 것처럼, 글로 마음을 씻어내면 더 좋은 나를 만
날 수 있다. 하루 두 세줄 감사일기, 긍정 확언 또는 필사라도, 그렇게 쓰
는 삶을 영위한다.

◆ 글은 관계이고 연결이다

혼자 쓰고, 함께 나누는 게 글쓰기의 묘미다. 별책부록이 엮어지듯 여덟

색깔의 고유한 '별글'이 모여 의미 깊은 '별 책'이 되었다.

잊었던 기억을 되살리고 울고 웃고 하며 스토리는 이어진다. 내가 주인공이 되는 시간이다. 옆에서 축하해주는 또 다른 별들의 미소에 응원을 받으며 감사와 행복을 알아차린다.

글쓰기에 관심이 있는 '누구 엄마'나 '아빠'로 불리는 이들이 이 글을 읽으면 좋겠다. 왜냐하면 글쓰기를 통해 당신이 누구이든 자신을 알아차리고 사랑하게 될 테니까... 모든 글이 좋아지고 사람이 좋아지는 마법 같은 일이 생길 테니까...

나를 글쓰기 리더로 세워준 바피디자인 컨설팅 박정 대표에게 감사하다. 그녀의 밝고 긍정적인 에너지 덕분에 별글을 자신 있게 시작할 수 있었다. 치유의 글쓰기 특강을 해준 신혜영 대표 덕분에 과감히 내 마음속 두려움과 불안 같은 감정 쓰레기(똥)를 용기 있게 직면하는 법을 배웠다.

'나'를 세우고, '서로'를 채워주는 다솜, 보현화, 지음, 별세라, 자라다, 별담, 스마일 정쌤에게 우정과 감사를 보낸다.

우리 이야기를 관심 있게 들어준 일호팬 김미영 실장님과 아티오 출판사 김정철 대표님, 별글을 함께 해준 모든 멤버와 가족에게 감사드린다.

66

오늘도, 내일도 매일매일의 행복을 발견하는 사람이고 싶습니다.

오늘은 충분히 음미하는 사람이고 싶습니다.

99

행복은
여기에

◆ 스마일정쌤(박정) ◆

바피디자인컨설팅 대표, 한국디지털전문강사 협회 회장, 세상에서 가장 쉬운 디자인
돈 버는 SNS 콘텐츠 만들기 저자, 한국교원연수원, 휴넷, 클래스101 강의

- 이메일 : bian81@naver.com
- 인스타그램 : https://www.instagram.com/smilejeongssam
- 블로그 : https://m.blog.naver.com/bian81
- 유튜브 : https://www.youtube.com/c/스마일정쌤

나의 영웅, 우리 엄마

◉ 병아리 동생이 생기다

어렸을 때 학교 앞에서 병아리를 팔면 병아리에 마음을 빼앗겨서 한참을 그 앞에 쭈그리고 앉아 있었다. 병아리를 데려가면 분명 엄마에게 혼날 것을 알기에 한참을 바라보다 가장 건강해 보이는 녀석 한 마리를 내 동생으로 뽑아 데리고 왔다. 나이 차이가 크게 나는 오빠, 언니가 많이 심부름을 시켜서였을까? 어렸을 때 엄마, 아빠에게 동생 한 명만 낳아달라고 부탁한 것이 한두 번이 아니었다. 이미 셋째인 나에게 동생은 결국 생기지 않았고 이렇게 동물이나 식물을 내 동생으로 삼을 때가 많았다.

엄마는 왜 병아리를 데리고 왔냐고 한참 동안 잔소리를 하셨지만, 병아리가 우리 집 마당에 자리 잡자 병아리에게 정성을 쏟으셨다. 엄마는 어디선가 박스를 구해 병아리 집을 만들고, 먹이도 챙겨 주고, 마당 곳곳에 싸질러진 병아리 똥까지 열심히 치우셨다. 그 덕에 시름시

름 잃다 금방 죽던 다른 병아리와 다르게 내 동생 삐약이는 건강하게
자라주었다.

◎ 삐약이와의 추억

어느 날 계속 삐약 거리는 소리가 마당 아래에서 들려왔다. 어찌 된
영문인지 삐약이가 마당에서 놀다가 물 내려가는 하수구에 빠진 거였
다. 엄마와 나는 하루 종일 삐약이를 구하기 위해 고군분투했다. 엄마
는 마당에 누워 한쪽 손을 하수구에 깊이 넣었지만, 삐약이는 손에 닿
지 않았다. 작은 손이 더 깊이 들어가지 않을까 싶어 나도 마당에 모로
누워 손을 뻗어보았지만 소용없었다.

"삐악삐악삐약!" 하는 소리가 하수구에서 계속 났다. 삐약이를 구하
지 못하자 눈물이 났다. 아무래도 다시는 삐약이를 보지 못할 것 같았
다. 점점 삐약이 소리는 멀어져만 갔다. 하수구를 보면서 마당에 앉아
울고 있는데 엄마가 벌떡 일어나더니 뒷집에 가보자고 했다. 엄마를
따라 뒷집에 가니 삐약이 소리가 다시 가까이에서 들리기 시작했다.
엄마는 지체하지 않고 뒷집 부엌 바닥에 누워 하수구 밑으로 손을 넣
었다. 엄마는 바닥에 얼굴을 붙이고 손을 더욱 쭈욱 뻗었다. 이윽고 빼
낸 엄마 손안엔 기적같이 우리 삐약이가 있었다.

"삐약아!!"

하수구를 여행하느라 온몸이 젖어 있었지만 삐약이는 건강해 보였
다. 다시는 볼 수 없을 줄 알았는데 이렇게 삐약이를 다시 만나게 되다

니! 뒷집에 사는 형제 2명과 아주머니와도 기쁨을 한참 동안 나누고, 엄마와 나는 삐약이를 품고 집에 돌아왔다. 하수구에서 구출된 삐약이 이야기는 빠르게 소문이 퍼져 우리 집에 오는 친구마다 삐약이를 보고 싶어했다.

35년도 더 된 일인데 하수구에서 살아 돌아온 삐약이의 모습이 아직도 생생하다. 지금 생각하면 엄마는 그때도 나의 영웅이었다. 남의 집 부엌 바닥에 얼굴을 붙이고 딸을 위해 삐약이를 구출해낸 수퍼우먼. 그 때 엄마 표정은 어땠을까? 아이를 키워보니 작은 우주를 지켜주고픈 엄마의 마음을 이해할 것 같다.

◉ 밥을 닮은 우리 엄마

엄마는 집이 가난하여 초등학교도 졸업하지 못하셨다. 학부모가 글을 써야 하는 통신문을 쓸 때면 엄마는 맞춤법이 틀리지 않을까 늘 걱정했다. 나는 어린 마음에 글씨가 삐뚤삐뚤하고 맞춤법도 자주 틀리는 엄마의 글씨가 창피한 마음이 들었다. 학교에 가서 정갈한 친구들 부모님 글씨를 볼 때면 괜히 마음이 움츠러들기도 했다.

어른이 된 지금 나는 우리 엄마를 가장 존경하고 사랑한다. 막상 내가 엄마가 되니 매일 먹는 아침밥 안에 얼마나 많은 사랑이 녹아있는지 알겠다. 우리 엄마는 밥을 닮았다. 매일매일 먹어도 질리지 않고 계속 먹게 되는 밥처럼 엄마의 사랑은 늘 매일매일 나에게 스며들었다. 병아리 한 마리도 끝까지 포기하지 않았던 우리 엄마는 나에게 가장 멋진 영웅이다. 지금도 내 건강이 걱정된다며 여러 가지 건강 반찬을 만들어 가져다주시고 새벽마다 날 위해 기도하신다. 그런 엄마가 있어 나는 행복하다.

◉ 나의 영웅, 우리 엄마

'엄마'라는 단어만 떠올려도 눈물이 난다. 엄마와 가까이 살고 있어서 거의 매일이다시피 보는 사이인데도 왜 엄마를 생각하면 눈물이 나는 걸까? 결혼하고 세 남매를 키우고 내 일에 바쁘다 보니 우리 엄마가 요즘 어떤 일을 사랑하는지 궁금해하지도 않았다. 엄마는 지금이라도 초등학교를 졸업하고 공부를 하고 싶으실까? 어떤 일을 해야 엄마는 더 행복해지실까? 지금도 가족들을 위해 텃밭을 일구시고 텃밭에서 나온 채소로 맛있는 음식을 해주시는 엄마가 행복해 보인다. 70대가 되어서도 이렇게 건강하게 다른 사람들을 위해 봉사하고 나눔을 실천하는 엄마는 진정 나의 영웅이다. 초복이라고 삼계탕을 먹으러 오라는 엄마의 전화가 정말 반갑다. 엄마 음식을 먹고 오늘도 나는 힘을 내서 강의에 나간다.

고맙고 사랑해

◉ **사랑하는 서현이에게**

엄마는 네가 자고 있는 모습을 한참 동안이나 바라봤어. 네가 뱃속에 있었을 때부터 엄마는 더욱 행복해진 것 같아. 네가 뱃속에서 꿀렁거리던 느낌이 아직도 생생한데 벌써 중학생이라니. 어제 바피북클럽 모임이 있었는데 지금 너희들과 함께 하는 시간이 얼마나 소중한지 다시한번 느낄 수 있었어. 그 이야기 듣고 집에 와서 예전 앨범을 함께 보게 된 거야. 6살에 네가 엄마에게 쓴 편지도 정말 감동이야. 맞춤법은 틀려도 엄마 사랑하는 마음은 그대로 전해지는 편지잖아. 엄마는 편지쓰고 받는 게 참 좋더라. 오늘 아침에 일어나서 따스한 물에 샤워하고 책상 앞에 앉았는데 서현이에게 편지를 쓰고 싶다는 생각이 들었어. 사랑하는 사람에게 편지를 쓰면 미소지으며 아침을 열 수 있거든. 휴일이 되면 엄마는 한없이 늘어지곤 하는데 오늘 아침에는 가벼운 걷기 운동도 하고 독서도 하면서 새로운 한 주를 시작할 준비를 하니 좋다.

오늘 엄마가 뽑은 카드는 끈기야. 끈기는 초지일관 꾸준히 나아가는 자세야. 자신이 세운 목표에 전념하여 장애가 얼마나 크든, 시간이 얼마가 걸리든 그것을 극복해 나가는 거야. 끈기가 있으면 포기하지 않아. 계속해서 한 걸음씩 앞으로 내디딜 수 있어! 서현이는 폭풍우를 헤쳐 가는 배야. 부서지지도 뱃길을 이탈하지도 않을거야. 단지 파도를 탈 뿐이야. 파도를 탈 때 엄마의 도움이 필요하면 이야기해줘. 뭔가를 꾸준히 하면 스스로도 대견해서 흥이 나는 것 같아. 엄마가 아침에 이렇게 너희에게 편지를 쓰는 작은 일들이 계속 되니 엄마 스스로 칭찬하게 되더라고. 나를 칭찬하는 마음이 점점 커지면 끈기가 자리잡게 되는 거 아닐까 하는 생각이 들어. 사실 엄마도 계속 파도를 타고 있어. 앞으로도 계속 파도를 타면서 서로의 손을 붙잡아주자.

엄마는 매우 감정적인 사람이야. 그래서 잘 웃고 정말 잘 울잖아. 그런데 화를 내는 일은 별로 없는 것 같아. 화를 내는 것보다 더 지혜로운 방법이 많다는 것을 알고 있거든. 화가 나서 막 불닭볶음면이 먹고 싶을 때 엄마가 서현이 옆에 있어줄게. 네 편이 되어 가만히 너의 이야기를 들어줄게.

방금 네 방에서 알람소리가 들려온다. 얼른 편지 쓰고 안아주러 가야겠다. 더 단단한 엄마가 되어 네게 힘이 되는 그런 엄마가 되고 싶다. 늘 고맙고 사랑해!

– 2024년 봄 서현이를 사랑하는 엄마가

행복은 여기에

● 사랑하는 서찬이에게

서찬아, 어제 몸으로 말해요 속담퀴즈 정말 재미있었어. 누나와 서진이와 함께 춘 춤이 오늘 아침까지도 아른거린다! 너무 중독이 강해. 다음에는 꼭 동영상으로 찍어놔야겠어. 몇 년 후에 너와 함께 보고 싶어서!

"엄마, 나에게 향기로운 냄새 나지?"

네가 그렇게 이야기 했는데 엄마가 "참기름 냄새?" 라고 해서 모두 같이 한참 웃었네.

시간이 정말 빨리간다. 서찬이가 벌써 초등학교 졸업사진을 찍다니. 엄마는 네가 신생아 때 모세기관지염으로 입원해서 고열로 며칠 밤을 새우던 것이 잊혀지지 않아. 서찬이가 밤 새 울 때도 마음이 아팠지만 입원할 때 혈관을 찾는 것이 쉽지 않아 간호사 선생님이 여러번 주사바늘을 찌를 때 엄마의 마음은 찢어지는 것 같았어. 퇴원 한 후로도 돌 지날 때까지는 계속 병원을 가야 할 정도로 몸이 약해서 걱정도 많이 했었다. 4살 때는 떡국을 먹다가 그 뜨거운 국을 엎어서 허벅지에 큰 화상을 입었었잖아. 그 때 얼마나 놀랐었는지... 서찬이와 함께 울면서 119를 타고 병원에 갔었어. 그 때 네가 얼마나 아플지 걱정하며 한참 동안 울며 화상전문병원에 다녔던 것도 생생하다. 그 뒤로 놀다가 팔이 빠지기도 하고 발바닥에 이쑤시개가 박혀서 병원에 가기도 하고... 지금은 웃으며 말할 수 있지만 진짜 그 당시에는 너무 놀라서 정신이 없었어. 우리 서찬이가 이제는 이렇게 건강하게 잘 자라주니 엄마는 참 감사하다. 엄마는 우리가 함께 하는 시간에 병원에 간 기억보다 더 즐거운 추억과 웃음이 스며들었으면 해.

오늘 엄마가 뽑은 카드는 결의야. 결의란 어떤 일을 이룰 때까지 자신의 모든 노력을 집중하겠다고 굳게 마음먹는거야. 쉽지 않은 일일지라도 혼신의 힘을 다 하겠다고 다짐하는 거지. 힘이 들거나 시련이 있어도 기필코 목표한 바를 성취하겠다는 의지가 네게 있어. 결심을 거듭 새롭게 다짐함으로써 서찬이 너는 꿈을 현실로 만드는거야. 서찬이는 불평하지 않고 어떤 일을 기다릴 수 있니? 뭔가 일이 잘 안풀릴 때 너그러운 마음으로 어려움과 시행착오를 받아들일 수 있었으면 좋겠어. 엄마는 예전엔 무언가 시작하고 끝을 못 맺을 때가 많고 마음만 조급할 때가 많았거든. 그런데 요즘은 뭔가 시작하면 꾸준하게 하는 내 자신을 보는 것이 좋아서 끝까지 하는 일이 조금 더 늘어났어. 서찬이도 그런 일들이 많아지길 바래.

자신의 꿈이 무엇인지 잘 모르겠다면 20년 후의 서찬이가 어떤 모습이었으면 좋을지 한번 상상해봐. 33살의 서찬이가 13살의 너에게 어떤 이야기를 해주고 싶을까? 20년후의 엄마는 몸도 마음도 건강하고 더 지혜로웠으면 해. 엄마도 정신이 번쩍 드는걸! 64살의 엄마는 지금 엄마에게 무슨 이야기를 하고 싶을까?

휴일이 많아서 운동을 잠시 쉬고 있었는데 진짜 운동 해야겠다! 60대에도 건강하고 날씬한 엄마가 되고 싶거든! 서찬아, 엄마가 정말 사랑하는 거 알지? 고맙고 사랑해.

– 2024년 봄 서찬이를 사랑하는 엄마가

서진아, 잘잤니? 이번 삼척 여행 정말 즐거웠지? 배멀미가 심했지만 바다에서 낚시도 하고 네가 기대했던 레일바이크도 타고 말이야. 그리고 호텔 음식이 정말 맛있어서 자꾸자꾸 생각날 것 같아. 이번 여행은 정말 오래오래 기억될 것 같아. 엄마는 여행을 함께 가는 것도 좋지만 일상에서의 너의 모습들도 열심히 마음 속에 담아두고 있어. 어제 자기 전 샤워하고 젖은 머리카락으로 웃으며 누워있던 네 모습 정말 사랑스러웠어. 그리고 요즘 계속 부르는 서진이송도 참 좋더라. 서진이가 학교에서 받은 비누방울 덕분에 정말 즐거운 시간 보낸 것도 기억에 남아. 손을 어떻게 하느냐에 따라 비누방울 크기가 달라지니 정말 신기하더라. 요즘 많이 먹는데도 밤마다 배고파서 네가 정말 성장기라는 것이 느껴져. 맛있게 먹는 모습도 참 보기 좋은 거 아니? 지금도 네 모습이 떠올라서 자꾸 웃음이 난다.

서진아, 매사에 긍정적이고 자신감이 넘쳐서 참 고마워. 처음 쌩쌩이를 못했었는데 네가 계속 연습해서 이제는 쌩쌩이도 잘하게 되었지? 집에 있는 책을 우연히 보다 코딩에 관심이 생겨서 네가 혼자 코딩으로 게임도 만들게 되었잖아. 리코더 연주도 못했는데 계속 연습하더니 이제는 '10월의 어느 멋진 날에'를 멋지게 불 수 있게 되었어. 서진이를 보면서 엄마도 참 많이 배우는 거 알고 있니? 지금처럼 늘 하고픈 일에 도전했음 좋겠어. 엄마는 코로나 바이러스보다도 더 무서운

건 난 안될거라고 생각하는 부정 바이러스라고 생각해. 엄마도 사실 종종 부정바이러스에 감열될 때가 있거든. 서진이를 보면서 빨리 부정 바이러스를 퇴치해야겠다고 느껴.

오늘 엄마가 뽑은 카드는 확신이야. 확신은 굳은 믿음이야. 확신을 가진 사람에게는 어떤 어려움이 닥쳐도 헤쳐 나갈 힘이 있어. 확신을 가지면 의심이나 두려움으로 주춤거리지 않아. 자신감이 생기고, 즐거운 마음으로 새로운 일을 시도할 수 있어. 엄마는 예전에 스스로 참 많이 의심을 하곤 했어. 내가 과연 할 수 있을까? 난 할 수 없어. 이런 생각을 하느라 정작 실제로 실행한 일을 많지 않았어. 너무 생각만 하다 보면 점점 자신감이 떨어졌거든. 때로는 확신을 가지고 먼저 도전하는 것이 필요하더라.

혹시 서진이는 친구들 사이에서 비교하는 마음 때문에 힘든 적은 없니? 사실 경쟁하는 마음은 인간의 본성 중에 하나라 그 마음이 사라지지는 않아. 그래서 네가 진정으로 원하는 것이 무엇인지를 아는 것이 가장 중요해. 그것이 너 자신을 더 사랑하고 좋은 친구가 될 수 있는 방법이거든.

사랑하는 서진아, 엄마에게 와주어 참 고마워. 앞으로도 더 즐거운 추억 많이 만들자!

　　　　　　　　　　　　　　　　－ 2024년 봄 서진이를 사랑하는 엄마가

행복은 여기에

간절한 마음

◉ 다시 일을 시작하게 되다

'다시 일을 할 수 없을까?'

대교에서 상금도 받고 해외여행 부상을 받을 정도로 열정적으로 일했지만 결혼 후 입덧이 심해 일을 그만둘 수 밖에 없었다. 안암초등학교의 마지막 수업 날 컴퓨터실은 울음바다였다. 그만큼 학생들에게 사랑을 주며 수업을 진행했기에 아이들도 나의 진심을 알고 있었던 것이다.

첫째를 낳고 키우면서 다시 아이들을 가르치고 싶은 마음은 점점 강해졌다. 내가 졸업한 불광초등학교에서 개인 위탁 컴퓨터 강사를 뽑는다는 공지를 발견했을 때 첫 사랑을 발견한 것처럼 가슴이 떨려왔다. 대교와 달리 매일 출근하지 않고 수업이 있는 요일만 나가면 되는 것도 매력적이었다.

공지를 늦게 본 탓에 서류제출 마감일이 딱 이틀 뒤였다. 이틀 동안 아기가 자는 시간 틈틈이 잠도 잘 못 자고 열심히 이력서와 자기소개서를 써서 두근거리는 마음으로 메일을 보냈다. 심사 결과가 나오는 날 아무리 기다려도 연락이 안 오는 것이었다. 너무 간절한 마음에 합격자 발표 다음 날 학교에 전화를 걸었다.

"혹시 제가 떨어진 이유를 알 수 있을까요? 다음에 지원할 때 그 부분을 보강하고 싶어요."

학교에서는 그 부분은 알려줄 수 없다며 딱딱한 답변만 주실 뿐이었다. 그런데 다음 날 기적이 일어났다.

"지금 학교에 오실 수 있나요?"

컴퓨터 강사로 뽑혔다며 전화가 온 것이다. 싸인해야 한다고 바로 학교로 오라고 했다. 아기와 함께 가도 되는지를 묻고 첫째 아기띠를 해서 정신없이 학교로 달려갔다. 그때의 감사함이란... 기존에 뽑힌 선생님이 강의 요일이 맞지 않았다고 한다. 그래서 다음 차례인 내게 기회가 온 것이다. 그렇게 2011년에 강의를 시작한 학교에서 2022년까지 강의를 했다. 10년 넘게 아이들을 가르치면서 추억도 정말 많다. 눈이 많이 쌓인 날 아이들과 함께 쉬는 시간에 나가 눈싸움도 하고 사진도 찍었었다. 학부모 공개수업 때 아이들이 컴퓨터 선생님에 대한 주제로 깜짝 발표를 해서 감동을 받은 일도 있었다. 지금도 연락이 오는 제자들이 있으니 정말 난 행복한 선생님이다. 그렇게 간절하게 들어간 학교였는데 내가 스스로 그만두게 될지 정말 몰랐다. 코로나를 계기로 오랜 고민 끝에 IT교육전문회사 바피디자인컨설팅을 시작하게 되면서 학교를 떠나게 된 것이다.

행복은 여기에

● 고마운 사람들

사실 온라인에서 강의를 하고 유튜브를 시작한 건 내 주위에 많은 사람들의 도움이 있었기 때문이다. 오현주 PD님의 수업을 듣고 난 뒤 온라인에서 바로 배워 바로 쓰는 PPT 수업을 런칭할 수 있었다. 오랜 기간 학교에서 강의를 했었지만 온라인에서 강의를 하는 것은 또 다른 문제였다. 그 때 많은 조언을 해주신 오현주 PD님께 다시 한번 감사의 마음을 전하고 싶다. 실시간으로 강의를 하는 것이 너무 떨려서 강의 전날 밤을 꼬박 새우고, 예정된 강의안을 다 뒤엎고 다시 만들고, 강의 때 하고자 하는 대본을 한 글자도 빠짐없이 쓰고... 첫 강의를 준비하며 며칠을 끙끙대던 시간이 영화처럼 떠오른다. 바로 배워 바로 쓰는 PPT 1기 강의를 무사히 끝냈을 때 어찌나 눈물이 나던지... 첫 강의를 한다고 바피 1기로 와준 블또프 친구들도 정말 고맙고 만난 적도 없는 나를 믿고 강의를 신청해준 선생님들께도 정말 고마운 마음 뿐이었다. 그렇게 바로 배워 바로 쓰는 PPT 강의를 준비하며, 진행하며 많이 울었다. 나의 진심이 전달된 것일까? 바피 강의를 연속해서 들어주시는 선생님들이 점점 생기기 시작했다. 지금 공저를 함께하고 있는 다솜 작가님은 바피2기부터 인연이 되었고 모모작가님은 바피 3기로 인연이 된 분들이다. 이 글을 쓰지 않았다면 나는 잠시 그 때의 기억을 잊을 수도 있었을 것 같다. 누군가 덕분에 지금의 내가 있고 지금도 좋은 사람들 덕분에 넘어졌을 때 일어설 수 있음을.

평범한 방과 후 강사였던 내가 이렇게 교육사업을 하게 될지 정말 몰랐다. 길을 만들어 나갈 때마다 옆에서 손을 잡아준 사람들이 얼마나 많았는지 모른다. 그 얼굴들이 떠오르니 입가에 미소가 번진다. 내가 처음 방과 후 강사를 지원했을 때처럼 간절한 마음의 누군가가 있다면 나도 그 손을 잡아주고 싶다. 더 많은 사람들이 웃을 수 있도록 도와주는 그런 바피디자인컨설팅으로 만들어가고 싶다.

여러 위기가 닥쳐도 그때마다 내가 선택할 수 있는 최선을 향해 나아가고 있다. 내가 웃을 수 있는 이유는 지금 이 순간의 소소한 행복을 놓치고 싶지 않기 때문이다. 사랑하는 사람들과 함께 밥을 먹는 순간이 얼마나 소중한지 모른다. 나와 함께 하는 사람들도 함께 웃을 수 있는 선택을 하고 싶다. 앞으로 더 많은 사람들이 더 맛있는 것을 함께 먹을 수 있도록 잔치를 준비하고 싶다.

번 아웃을 극복할 수 있을까?

◉ **내가 왜 이러지?**

난 청개구리인가보다. 별글 공저를 정말 기대했던 나인데 막상 공저를 계약하고 원고를 마무리하는 날짜가 다가오자 왜 이렇게 글을 쓰기 싫은 걸까? 이전에 써 놓은 내 글들이 정말 부끄럽게 느껴지고 내 글이 책으로 나오는 것은 종이 낭비가 아닐지 걱정이 된다. 글을 잘 써서 많은 사람들에게 칭찬을 받고 싶은 욕심은 자꾸 커지는데 그 욕심이 커질수록 더 글을 쓰기 싫고 자꾸 도망만 가고 싶다.

사실 이런 기분이 처음은 아니다. 온라인에서 자기계발을 시작하고 SNS를 통해 강의를 하면서 내가 왜 이러나 싶은 시기는 자주 찾아왔다. 하루 2~3개의 외부강의를 소화하고 1분 1초가 아까워 이동할 때도 블로그 글을 쓰고, 길을 걸을 때도 오디오 북을 들으며 몇 주일을 보내다가 찾아온 휴일의 어느 날, 어떤 것에도 의욕이 생기지 않았다. 아무 생각없이 넷플릭스의 시리즈에 정신없이 빠져들었고 새로운 웹

툰을 한 번 시작하면 밤을 샐 정도로 끝을 봐야 직성이 풀렸다. 너무 재미있어서 그런 것이 아니라 중간에 끊고 내 마음을 컨트롤 할 에너지가 없어진 것이다. 그렇게 주말을 보내고나면 죄책감이 들어 다시 새벽기상을 하고 운동을 하고 열심히 일에 빠져들다가 다시 번아웃을 경험하곤 했다.

'요즘 나 행복하게 살고 있나?'

9월과 10월에 휴일이 많다보니 혼자 생각이 많아졌다. 평소에는 그날 처리해야 할 급한 일이 너무 많아 정신없이 지냈는데 가족들과 함께 여행가고 여유롭게 맛있는 음식을 먹고 함께 산책하는 시간을 보내면서 이 시간들이 정말 소중하고 감사하게 느껴졌다. 일상 속에서 이런 여유를 계속 느끼면서 살아가고 싶다는 생각이 들었다. 어느 새 훌쩍 자란 서현이와 서찬이, 서진이를 보니 다시 오지 않을 이 순간이 더욱 소중하게 느껴졌다. 이렇게 잘 쉬고 나면 다시 내가 해야할 일도 즐겁게 시작해야하는데 이번에는 그냥 이런 저런 이유로 나를 합리화 시키며 계속 여행하고 쉬고 싶다는 생각이 들었다. 그것은 내가 계속 미루고 미루고 있던 공저 원고를 마무리 못했다는 무능함이 마음 속에 있었기 때문이었다.

◉ 좋아하는 일과 해야할 일

나는 내가 좋아하는 일로 행복하게 돈을 버는 사람이다. 어릴 때부터 발표를 좋아했고 오랜시간 학교에서 아이들을 가르쳐왔기 때문에

행복은 여기에

강의를 할 때마다 나에게 맞는 일을 정말 잘 찾았다는 생각이 든다. 내가 하는 강의가 누군가에게 도움이 된다는 것이 행복하고 강의를 하고 나서 현장에서 바로 받는 피드백은 늘 달콤하고 신이 난다. 누구보다도 잘 할 수 있다는 자신감이 있기 때문에 강의를 하는 것은 지금도 나에게 가장 행복하고 감사한 일 중 하나이다. 그런데 일을 하다보니 강의 뿐 아니라 여러 가지 해야 할 것이 많아졌다. 강의를 진행하기 위해 기관마다 필요한 서류도 보내야 하고 바피 강사님들과 함께 한 후로는 여러 가지 회계 관련 업무도 신경써야 했다. 또 꾸준히 SNS에 콘텐츠를 올리고 마케팅도 해야 한다는 부담도 있었다. 올해 릴스를 정말 해야겠다는 생각이 계속 들었지만 미루고 미루고 계속 안했던 이유는 무엇일까? 지금 이 글을 쓰면서야 무엇인지 알 것 같다. 그것은 바로 내가 잘하지 못할 것 같다는 마음 때문이었다.

내가 글을 쓰고 싶지 않았던 것도 지금 잘하지 못하고 있다는 마음 때문이었다. 처음에는 시간만 주어지면 그리 부끄럽지 않는 글을 쓸 수 있을 것이라는 믿음이 있었다. 그런데 원고 마감을 하며 일찍 글을 다 쓴 작가님들에게 미안한 마음들이 쌓이고 작가님들과 매일 만나 글을 피드백 해주는 모모작가님과 다른 사람들의 글을 애정으로 읽고 피드백 해주는 하지영 작가님의 열정에 고마움이 쌓이면서 점점 더 부담스러워졌다. 이렇게 다른 작가님들은 모두 열심히 하는데 글도 마감하지 못했다는 죄책감이 들자 자꾸 도망만 가고 싶었다.

"죄송해요 작가님. 제 글은 1~2개만 실어야 할 것 같아요."

어제 밤 자기 전, 모모 작가님께 이렇게 메시지를 적어보내고 내 마음도 편치 않아 이렇게 다시 글을 쓰다보니 무엇이 문제인지 조금은 알 수 있게 되었다. 잘 하지 못하고 있다는 두려움과 무능함이 날 자꾸 도망가게 만드는 것이다.

"저는 제 요리도 100점을 주지 않습니다. 요리에서 100점은 없다고 생각해요."

요즘 한창 즐겨보는 흑백요리사의 안성재 쉐프의 이야기가 인상 깊었다. 어쩌면 스스로에게 주는 점수는 실제 점수와 다를 수 있다. 글을 쓰며 내가 너무 글을 못쓴다고, 무능하다고 스스로를 못살게 굴었던 것도 나만의 감정에 빠져 허우적 거리고 있기 때문이다.

있는 모습 그대로

자꾸 도망가고 싶었는데 우리 모모작가님과 약속을 했기에 줌에서 만나 이런 저런 이야기를 나누었더니 동굴에 꽁꽁 숨고 싶었던 내가 빼꼼 얼굴을 내미는 것을 느낀다. 나도 잘 모르는 내 마음을 들어주는 이가 있다는 것을 얼마나 감사한 일인가! 그러고보니 예전에도 괜히 마음의 허기짐이 밀려오면 난 모모작가님께 전화를 걸곤 했다. 그렇게 한 번 통화하면 또 내가 좋아하는 나의 모습을 다시 찾곤 했다. 이번에는 좀 길게 징징모드로 글 쓰기 싫다고 했었는데 글을 쓰며 왜 번아웃이 왔는지 이유를 알게 되어 감사하다.

나에게 주는 선물

◉ 내가 좋아하는 것

하늘을 보는 것을 좋아한다. 구름 한 점 없는 파란 하늘도 좋아하고 캠핑가서 올려다보는 별이 많은 까만 하늘도 좋아한다. 식물과 대화하는 것도 좋아한다. 어릴 때 옥상에 나만의 텃밭이 있었다. 해바라기와 나만의 강낭콩에게 얼마나 많은 대화를 많이 했던가. 엄마에게 혼나서 눈물 뚝뚝 흘리며 했던 나의 이야기들을 말없이 들어주는 좋은 친구들이었다. 지금도 우리집 거실에 고무나무, 레몬나무, 올리브나무가 있는데 나무들을 볼 때마다 기분이 좋아진다. 분무기로 물을 주고 나면 내 마음도 촉촉해지는 것 같다. 털이 있는 반려동물도 좋아한다. 어릴 때 마당 있는 집에서 살면서 많은 동물과 함께했다. 나를 끌고 다니던 검둥이와 땡순이, 재롱이 같이 흔히 똥개라고 불리던 대형견과 함께했고 학교 앞에서 사 온 병아리 10마리가 닭이 될 때까지 키우다 보니 동물과 함께 지내는 것이 당연했다. 마당이 없는 집에서 살 때는 햄스터 2마리가 둘도 없는 친구였다. 요즘은 삼남매와 함께 수다 떠는 시간이 참 좋다. 특히 아이들 등교할 때 엘리베이터 앞에서 함께 춤을 추는 것을 좋아한다. 멀리 뒤돌아 가는 아이 뒤에서 "사랑해"라고 외치며 머리 위로 하트를 만드는 것을 좋아한다. 좋은 사람들과 함께 있는 것을 좋아한다. 마음이 통하는 사람들과 함께 있다 보면 내 모습 그대로 더욱 크게 웃을 수 있어서 좋다. 내가 누군가와 연결이 되고 누군가에게 웃음을 주는 내 모습이 좋다.

● 어떤 것이 성공인가?

현재 나는 바피디자인컨설팅 회사의 대표이사로 정말 바쁘게 지내고 있다. 한 달에 30회 넘은 외부 강의를 소화하고 있고 소속 강사님들에게 많은 강의를 연결해 드리고 있다. 그 외에 기관들이 요청하는 강의 제작, 숏폼 제작도 하고 강의에 필요한 서류 작성, 리뉴얼하는 홈페이지에 관한 회의 및 자료 준비, 홍보를 위한 SNS 운영, 개정판 책 집필 등 해야 할 일이 정말 많다. 평범한 삼남매 엄마였던 내가 이렇게 성장하고 있다니, 정말 꿈만 같은 일이다. 하지만 때로는 너무 할 일에 매몰되어 중요한 것을 놓치고 있는 것은 아닌지 마음이 무거워질 때가 있다. 여유롭게 가족들과 캠핑을 가서 밤하늘을 올려다보고 식물들에게 대화를 건네는 내가 그리워질 때가 있다. 아무리 바빠도 내가 좋아하는 나의 모습을 잃고 싶지 않다. 사랑하는 사람들에게 좋은 에너지를 주고 도움이 되고 싶고 마음을 나누는 일이 내게 정말 중요한 일이

기 때문이다. 너무 바빠져서 마음이 삭막해지지는 않았는지 나를 다시 되돌아본다.

◎ 나에게 주는 선물

작은 정원이 있는 집을 사서 쉬고 싶을 때 혼자 가서 글을 쓰기도 하고 좋아하는 사람들과 함께 맛있는 음식을 먹는 공간이 있으면 어떨까? 얼마 전 2019년에 인연이 되어 쭉 함께 마음을 나누고 있는 블로그 친구들과 정감 있는 2층집에서 1박 2일을 보내는 데 정말 그 시간이 행복했다. 좋아하는 일을 하며 좋아하는 사람들과 깊이 마음을 나누는 일이 좋다. 함께 맛있는 음식을 먹는 것이 좋다. 내가 좋아하는 한 친구는 나에게 미리 쉼을 계획하라고 이야기했었다. 쉼을 계획하지 않으면 끝도 없이 발걸음을 재촉하는 성격 급한 나인 것을 아는 까닭이다.

올해 친정엄마와 언니와 함께 다녀온 베트남 여행이 정말 즐거웠다. 또 지난 여름방학, 첫째와 함께 간 일본 오사카 여행도 정말 기억에 남는다. 며칠 전 평일에 막내와 둘이서 롯데월드에 가서 21개의 놀이기구를 타고 온 날도 잊지 못할 것 같다. 요즘 나를 위한 선물을 준비할 때 설레인다. 다시 에너지가 생긴다. 내가 좋아하는 것을 선물하고 나를 소중하게 보듬어주면 다시 나아갈 힘이 생긴다. 이 세상에서 가장 소중한 나를 앞으로도 잘 대접해주고 사랑해주고 싶다.

함께 있어 주는 사람

등산
박정

집에서 입던 옷 그대로
패딩 하나 걸치고
집을 나섰다.

어디로 갈지
마음이 갈팡질팡할 때
눈 앞에
산이 보였다.

이미 먼저 올라간 사람들 상관없이
헉헉 소리를 내며 올라갔다.
우리와 함께하니 힘이 나지?
푸르른 소나무와
겨울눈을 품은 생강나무가 나에게 말을 걸었다.

메마른 땅을 풀이 점령하듯
내 마음에도 씨앗이 뿌려졌다.
시원한 바람이
내 머리카락의 열기를 식히고 지나갔다.

파란 하늘이 우리 동네를 감싸고 있었다.

이미 많은 것을 이룬 사람들을 보며 내 자신이 너무 초라하게 느껴질 때가 있었다. 처음 유튜브를 시작할 때, 이미 구독자가 많은 다른 강사들을 건너뛰고 내 영상을 봐주는 사람이 있을지 두렵기만 했다. 처음 디지털활용전문강사 자격증 과정을 개설할 때도 얼마나 고민이 많았는지 모른다. 그럴 때마다 용기를 낸 순간이 있었다. 그 용기 덕분에 내 안에 숨겨져 있던 많은 성장 버튼을 찾을 수 있었다.

이번 공저를 쓰며 사랑하는 사람들, 고마운 사람들을 떠올릴 수 있어서 참 좋았다. 글을 쓰는 것이 힘들 때마다 토닥여준 진수민 작가님에게 특히 감사한 마음이다. 오래도록 함께하면서 더 좋아지는 사람. 내게 해주는 좋은 말들이 공기 중에 흩어지지 않고 마음속에 자리 잡아 꽃을 피운다.

세상에는 좋은 말과 글이 많지만, 그 말들이 내 안에 자리 잡는 건 쉽지 않다.

우리 아이들에게 또는 내가 만나는 사람들에게 혹시 삶에 대해 정답을 외치는 사람이 되지는 않았는지 문득 반성해본다. 소중한 사람들 옆에서 함께 고민하고 함께 즐거워하는 사람이 되고 싶다.

말만 하는 사람이 아니라 함께 있어 주는 사람이 되고 싶다.